KB268234

아이의 학습 습관은 의지가 아니라 환경이 만든다

스스로 공부하는 상위 1% 아이의 집

김지호 지음

중앙books

목차

PART 3

거실을 활용한 학습 공간 조성
따로 또 같이, 가족과 함께 공부하는 법

PART 4

학습을 돕는 환경의 디테일
공부를 하게 만드는 공간의 조건

왜 '공부해라'라는 잔소리는
효과가 없을까?

어른들의 일터를 들여다보자. 이삼십 명이 일하는 부서 하나에도 크고 작은 회의실이 몇 개씩 있다. 집중이 필요하면 조용한 미팅룸으로 옮기고, 동료와 의논할 일이 있으면 작은 협업 공간으로, 잠시 숨을 고르고 싶으면 안마의자가 놓인 휴게실로 향한다. 카페가 있고, 라운지가 있으며, 어떤 회사는 헬스장까지 갖추고 있다.

이런 시설들은 사치가 아니다. 업무 효율을 높이기 위한 필수 투자다. 사람은 하루 종일 같은 자리에만 앉아 있을 수 없다는 것을, 환경의 변화가 집중력을 높여준다는 것을 기업들은 안다. 그래서 아주 당연하게 투자한다.

그렇다면 우리 아이들의 경우는 어떤가. 아침부터 저녁 늦게까지

이어지는 학습 시간, 학교 교실에서 시작해 교실보다 더 답답한 학원 강의실을 거쳐, 집안의 좁은 공부방으로 이어지는 긴 여정이 펼쳐진다. 이 긴 시간 동안 아이들을 위한 복지 시설은 없다. 환경의 변화도, 공간의 다양성도, 잠시 숨 고를 휴식 공간도 없다. 그저 "더 집중해라", "더 버텨라"는 요구만이 있을 뿐이다.

우리는 이런 환경에서 창조적인 인재가 자라나길 바란다. 스스로 생각하는 아이, 주도적으로 공부하는 아이, 깊이 몰입할 줄 아는 아이를. 환경은 전혀 아닌데 말이다..

한 여학생의 이야기

지난가을, 서울의 한 외국어고등학교에 다니는 여학생을 만났다. 그 학교에 다니는 아이들은 아침 7시 반에 등교해서 밤 10시에 하교한다. 하루 열네 시간 반, 그 시간의 대부분을 그 아이는 앉아서 보낸다.

"솔직히 말하면요, 저희도 힘들어요."

그 학생이 말했다.

"아침부터 저녁까지 같은 교실에서 수업 듣고, 자습하고, 또 수업 듣고. 점심시간에 잠깐 운동장 한 바퀴 도는 게 유일하게 밖에 나가는 시간이에요. 그런데 그때도 책 들고 걸어요. 영어 단어장이나 암기할 거 들고요. 바람 쐬러 나간 건데 결국 공부하는 거죠."

나는 물었다. 그러면 어떻게 버티느냐고.

"저희끼리 방법을 찾아요. 수업 없는 시간에는 교실 뒤에 있는 스탠딩 책상에서 공부해요. 서 있으면 졸음이 좀 달아나거든요. 아니면 복도 창틀에 책 펴놓고 서서 외워요. 교실에만 계속 있으면 너무 답답하니까, 장소라도 바꾸는 거예요."

그 말을 듣는 순간, 나는 깨달았다. 아이들은 이미 알고 있었다. 같은 자리에 오래 앉아 있으면 집중력이 떨어진다는 것을, 환경을 바꾸면 머리가 다시 돌아간다는 것을. 그래서 스스로 방법을 찾고 있었다. 교실 뒤편으로, 복도 창틀로, 운동장으로, 공간을 바꿔가며 긴 하루를 버텨내고 있었다.

그런데 집에서는 어떨까?

"집에서요? 뭐, 그냥 제 방 책상에서 하죠. 거기밖에 없어요."

학교에서는 그렇게 애써 공간을 바꿔가며 집중력을 조절하던 아이가 집에 오면 선택지가 사라진다. 방 안의 책상, 그것뿐이다. 거실에서 공부하면 부모님이 "방에 들어가서 해"라고 한다. 식탁에서 책을 펴면 "밥 먹을 테니까 치워"라고 한다. 그러면 결국 방으로 들어간다. 그리고 침대가 보인다.

"방에 들어가면 침대가 있잖아요. 그러면 자꾸 눕게 돼요. 잠깐만 눕자, 5분만, 하다가 한 시간이 지나 있어요."

학교에서 열네 시간을 버틴 아이가, 집에서는 무너진다. 의지가 약해서가 아니다. 환경이 그렇게 만드는 것이다.

"엄마, 5분만 더요"

거실 소파에 누워 핸드폰을 보는 아이. 시계를 보니 벌써 저녁 8

시다. 학원에서 돌아온 지 한 시간이 넘었는데 아직도 책가방조차 열지 않았다. 엄마는 참았던 말이 터져 나온다.

"도대체 언제 공부할 거야?"

"아, 엄마 5분만."

그러다가 아이는 마지못해 일어나 방으로 들어간다. 하지만 엄마는 안다. 10분 후면 화장실 간다고 나올 것이고, 20분 후면 물 마시러 나올 것이며, 30분 후면 배고프다고 부엌을 기웃거릴 것이다. 이 풍경이 왠지 낯설지 않은가?

우리는 왜 계속 실패하는가

대한민국 부모들만큼 자녀 교육에 열정적인 사람들이 또 있을까. 좋은 학군을 찾아 이사를 하고, 비싼 학원비를 감수하며, 인터넷을 뒤져 공부법을 연구한다. 공부방 인테리어에도 적지 않은 돈을 투자한다. 책상을 사고, 의자를 사며, 책장을 들여놓고, 조명을 바꾼다.

그런데 이상하다. 아이는 여전히 자기 방에 들어가기를 꺼린다.

"방이 답답해요."

"거실이 더 좋아요."

"방에 있으면 졸려요."

우리는 혹시 잘못 생각하고 있는 건 아닐까. 공부는 의지의 문제이고, 열정의 문제이며, 태도의 문제라고만 여겨온 것은 아닐까. 그래서 계속 같은 말을 반복한다.

"의지를 가져라."

"집중해라."

"더 열심히 해라."

하지만 아이는 변하지 않는다. 아니, 변할 수 없다. 왜냐하면 문제는 아이의 의지가 아니라 환경에 있기 때문이다.

환경은 말없이 작동한다

어른들도 마찬가지다. 우리는 월요일 아침 출근길에 '오늘은 꼭 운동해야지'라고 다짐한다. 하지만 저녁이 되면 소파에 누워 "오늘은 너무 피곤해. 내일부터 해야지"라고 말한다. 다이어트 중인데 야식을 먹고, 책을 읽으려다 유튜브를 본다. 의지력은 누구에게나 한계가 있다. 그런데 우리는 아이에게만 다른 기준을 적용한다. 어른인 우리도 해내기 힘든 일을 아이가 당연히 해내야 한다고 생각한다.

그렇다면 어떻게 해야 할까? 아이의 의지력을 강화해야 할까? 더 많이 격려하고, 더 강하게 동기부여해야 할까? 아니다. 해답은 다른 곳에 있다. 의지력에 의존하지 않는 시스템을 만들어야 한다. 아이가 특별히 노력하지 않아도, 의식적으로 집중하려 애쓰지 않아도, 자연스럽게 공부하게 되는 환경을 설계하는 것이다.

그 외고 여학생이 학교에서 스스로 찾아낸 것처럼, 집에서도 공간의 선택지가 있어야 한다. 집중이 필요할 때 갈 수 있는 조용한 공간, 가족과 함께 공부할 수 있는 열린 공간, 잠시 쉬면서도 책을 손에 들 수 있는 편안한 공간. 이런 선택지가 있을 때, 아이는 스스로 움직인다. 환경이 아이를 이끈다.

집이라는 기회

학교에서는 한 교실에 서른 명이 앉아 똑같은 수업을 듣는다. 학원도 마찬가지다. 개인차를 고려하기 어렵다. 움직일 자유도 없고, 환경을 선택할 권리도 없다. 아이들은 그 안에서 나름대로 방법을 찾지만, 한계가 있다.

하지만 집은 다르다. 집은 우리가 유일하게 통제할 수 있는 공간이다. 아이가 아침에 일어나 처음 마주하는 풍경부터, 학교에서 돌아와 가방을 내려놓는 그곳, 저녁을 먹고 책을 펼치는 그 자리까지, 모든 것을 우리가 설계할 수 있다.

바로 여기에 기회가 있다. 학교와 학원이 제공하지 못하는 다양성을 집에서 만들 수 있다. 한 곳이 아닌 여러 곳의 학습 공간을. 책상에만 앉아 있는 것이 아니라 때로는 바닥에, 때로는 소파에, 때로는 식탁에 앉아 공부할 수 있는 자유를. 이것이 집이 가진 가장 큰 가능성이다.

공간이 신호가 된다

신경과학은 이미 알고 있다. 뇌는 공간에서 힌트를 얻는다. 책상 앞에 앉으면 뇌는 '공부 모드'로 전환한다. 침대에 누우면 '수면 모드'로 바뀐다. 이것은 의지의 문제가 아니다. 뇌가 환경의 신호를 읽고 자동으로 반응하는 것이다. 심리학에서는 이를 '환경적 단서 Environmental Cue'라고 부른다.

문제는 많은 아이들의 방에서 책상과 침대가 함께 보인다는 것이다. 공부하다 고개를 들면 침대가 눈에 들어온다. 뇌는 혼란스러워진다. '지금 공부해야 하나, 쉬어야 하나?' 이 갈등이 의지력을 소모시킨다. 결국 '잠깐만 눕자'로 끝난다.

환경을 바꾸면 뇌가 바뀐다. 책상에서 침대가 보이지 않게 배치하면, 뇌는 더 이상 혼란스러워하지 않는다. 공부할 때는 공부만, 잘 때는 수면만, 이것이 공간 설계의 힘이다.

핸드폰을 이기는 공간의 힘

요즘 아이들에게 가장 강력한 유혹은 핸드폰이다. 손만 뻗으면 닿는 위치에 핸드폰이 있다. 알림이 울리면 뇌는 즉각 반응한다. 도파민이 분출되고, 집중은 깨진다. 이런 상황에서 부모는 말한다. "의지력으로 참아!"라고. 하지만 이건 불공평한 싸움이다. 핸드폰은 인류 역사상 가장 정교하게 설계된 주의력 착취 장치다. 수천 명의 엔지니어가 인간의 뇌를 연구해서 만든 중독 시스템이다. 아이의 의지력이 이길 수 없다.

그렇다면 어떻게 해야 할까? 싸우지 말고, 피해야 한다. 공부하는 공간에서 핸드폰을 떨어뜨려놓아야 한다. 다른 방에 두거나, 잠금 상자에 넣거나, 부모에게 맡기거나. 손에 닿지 않으면 뇌는 더 이상 그것을 원하지 않는다.

이것이 환경 설계다. 의지력으로 싸우는 대신, 환경이 대신 싸우게 만드는 것이다.

따로 또 같이

또 하나 우리가 놓치고 있는 것이 있다. 아이를 방에 보내는 것이 능사가 아니다. "방에 들어가서 공부해"라고 말하는 순간, 아이는 고립된다. 외롭고, 불안하고, 집중이 흐트러진다. 특히 어린아이일수록 그렇다.

일본에서 도쿄대학교 학생들을 대상으로 조사한 결과, 83%가 어린 시절 거실에서 공부한 경험이 있었다고 한다. 혼자 방에 틀어박혀 공부한 것이 아니라, 가족이 있는 공간에서 함께 있되 각자의 일을 했다. 엄마가 요리하는 소리를 들으며, 아빠가 책 읽는 모습을 보며, 그 안에서 자연스럽게 공부했다.

이것이 '따로 또 같이'다. 같은 공간에 있지만 각자의 일을 한다. 함께 있어 외롭지 않고, 각자 집중하니 방해되지 않는다. 거실과 방, 열림과 닫힘, 함께와 혼자. 이 사이를 자유롭게 오가는 것이 건강한 학습 환경이다.

이 책이 약속하는 것

이 책은 당신에게 마법 같은 해결책을 제시하지 않는다. "이것만 하면 아이가 서울대에 간다"는 식의 과장된 약속도 하지 않는다. 대신 이 책은 환경 변화로 성적 상승 효과를 본 아이들의 실제 사례들을 통해 환경이 학습 태도와 성적에 분명한 영향을 끼친다는 사실을 검증하고, 그 변화가 어떻게 가능했는지를 구체적으로 풀어내며, 다음 세 가지를 약속한다.

첫째, 당신의 집을 다시 보게 될 것이다. 익숙했던 거실이, 아이 방이, 다이닝 테이블이 새롭게 보일 것이다. 그곳이 어떻게 아이의 뇌와 행동에 영향을 미치고 있었는지 알게 될 것이다.

둘째, 작은 변화부터 시작할 수 있다. 책상의 위치를 바꾸거나, 핸드폰의 위치를 바꾸거나, 거실에 작은 학습 공간을 만드는 것만으로도 변화가 시작된다.

셋째, 잔소리가 줄어들 것이다. 환경이 바뀌면 행동이 바뀐다. 아이에게 "공부해라"고 말하는 대신, 아이가 자연스럽게 책상 앞에 앉게 만드는 환경을 만들게 될 것이다.

환경이 먼저다

우리는 너무 오랫동안 결과에만 집착해왔다. 성적, 등수, 대학… 그래서 아이에게 더 열심히 하라고, 더 집중하라고, 더 의지를 가지라고 말했다. 하지만 생각해보면 공부 잘하는 아이의 부모도, 그렇지 않은 아이의 부모도 목표는 같다. 모두 아이가 스스로 공부하길 바란다. 목표는 늘 거기에 있었다. 차이를 만든 건 목표가 아니라 그 목표를 향해 매일 작동하는 환경이라는 시스템이었다.

이 책에서 다루는 내용은 환경심리학, 행동과학, 신경과학의 연구들에 기반한다. 로저 바커의 행동 설정 이론, 로이 바우마이스터의 자아 고갈 연구, 그리고 행동경제학이 밝혀낸 '넛지'와 '마찰'의 개념까지, 이 책 전체에 걸쳐 이런 연구들을 다루었다.

하지만 이 책은 학술서가 아니다. 오늘 당장 적용할 수 있는 실행

매뉴얼이다. 미세한 습관 하나하나는 집 안의 환경, 공간의 구성에서 시작된다. 이것이 필자가 25년간 학교와 학원, 도서관, 그리고 많은 가정의 공부방을 설계해오면서 확인한 사실이다.

의지는 약하다. 하지만 환경은 강하다. 그리고 다행히도 환경은 우리가 바꿀 수 있다. 학교와 학원은 우리 손이 닿지 않는 곳이지만 집은 다르다. 책상의 위치, 조명의 색온도, 방문과 침대의 관계, 책장의 배치, 이 작은 것들이 모여 아이의 하루를 만든다. 그리고 그 하루가 쌓여 습관이 된다. 잔소리 없이도 작동하는 습관이. 우리 아이가 잔소리 없이 스스로 책상 앞에 앉는 집을 만드는 것, 그것이 이 책의 목표다.

2026년 1월

김지호

PART 1

환경이 의지보다 강하다

집의 장치가 만드는 학습 효과

공간 만들기가
의욕보다 더 중요하다

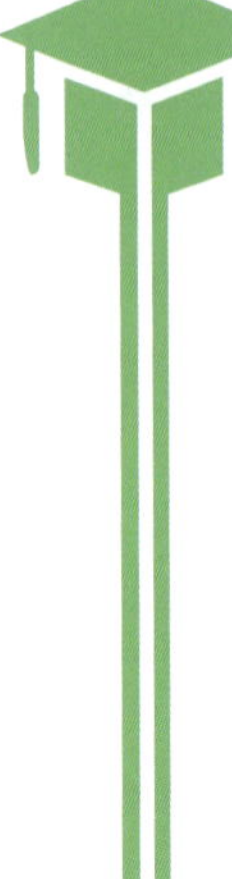

왜 아이가 장소에 따라 달라질까?

초등학교 5학년 단아의 하루를 따라가보자.

아침 8시, 학교 교실. 단아는 친구들과 떠들며 책가방을 정리한다. 선생님이 들어오시자 단아는 자리에 앉는다. 교실은 밝다. 큰 창문으로 자연광이 들어오고, 천장의 LED 조명이 공간을 고르게 비춘다. 책상과 의자는 단아의 키에 맞게 조절되어 있다. 교실 온도는 22도로 유지되고, 환기 시스템이 작동하며 신선한 공기가 순환한다. 40분간 수업이 진행되는 동안 단아는 집중해서 듣는다. 가끔 창밖을 보기도 하고, 옆 친구에게 말을 걸기도 하지만, 대체로 수업을 따라간다. 선생님이 질문하면 손을 들고, 칠판의 문제를 풀라고 하면 나가서 푼다.

오후 4시, 학원 자습실. 단아는 개인 칸막이가 있는 자리에 앉아 숙제를 시작한다. 주변이 조용하다. 에어컨 소리만 희미하게 들릴 뿐, 다른 소음은 없다. 옆 친구도, 앞 친구도 모두 고개를 숙이고 문제를 풀고 있다. 단아 눈앞에는 책과 공책만 있다. 핸드폰은 가방 속에 있고, 만화책도 없으며, 장난감도 없다. 있는 것은 오직 풀어야 할 수학 문제뿐이다. 칸막이가 시야를 제한해서 옆 사람이 무엇을 하는지 보이지 않는다. 단아는 자연스럽게 책에 집중한다. 1시간 정도 지나자 배가 고프긴 하지만, 다른 친구들도 계속 앉아 있으니까 단아도 자리를 뜰 생각을 하지 않는다. 결국 선생님이 쉬는 시간을 알릴 때까지 단아는 집중해서 문제를 푼다.

저녁 7시, 집. 단아는 학원에서 돌아와 거실 소파에 누워 핸드폰을 본다. 엄마가 "방에 들어가서 공부해"라고 말한다. 단아는 "네" 하고 대답하지만 일어나지 않는다. 5분 후 엄마가 다시 말한다. "단아야, 방에 들어가!" 이번엔 좀 더 강한 어조다. 단아는 마지못해 일어나 방으로 들어간다.

방문을 열고 들어가는 순간, 단아의 시선이 가장 먼저 닿는 곳은 침대다. 침대 위에는 아침에 급하게 정리한 이불이 구겨져 있고, 어제 읽던 만화책이 펼쳐져 있다. 단아는 일단 침대에 앉는다. '잠깐만 쉬었다가 해야지.' 5분이 지나고, 10분이 지난다. 이불이 포근하다. 누워본다. 천장을 바라본다.

엄마의 목소리가 들린다.

"단아야, 뭐해? 공부 안 해?"

단아는 벌떡 일어나 책상 앞에 앉는다. 그런데 책상 위가 어질러져 있다. 학교 교과서, 학원 교재, 색연필, 게임기 충전기, 먹다 남은 과자 봉지. 뭐부터 손대야 할까? 일단 공책을 펼친다. 수학 문제를 풀어야 하는데, 연필이 보이지 않는다. 서랍을 연다. 연필은 있는데 깎아야 한다. 깎다 보니 심이 부러진다. 다시 깎는다. 그사이 5분이 지났다. 아직 문제를 하나도 풀지 않았다. 왠지 의자가 불편하다. 허리가 아파서 자세를 고쳐 앉는다. 이번엔 스탠드 불빛이 너무 어둡다. 눈이 피로해서 잠깐 창밖을 본다. 어둠이 내려앉은 창밖을 다시 지나쳐 책을 보지만, 집중이 안 된다. 왜일까.

단아의 하루

단아가 게으른 걸까, 의지가 약한 걸까. 학교와 학원에서는 그렇게 잘 집중하던 아이가 왜 집에만 오면 달라지는 걸까. 답은 간단하다. 환경이 다르기 때문이다. 학교 교실은 학습을 위해 설계된 공간이다. 적절한 조명, 적당한 온도, 편안한 책걸상, 통제된 소음. 학원 자습실도 마찬가지다. 칸막이, 조용함, 주변 친구들의 학습 분위기. 이 모든 것이 아이를 집중하게 만든다.

하지만 집은 다르다. 집은 휴식을 위한 공간이다. 편안한 침대, 부드러운 소파, TV, 냉장고, 간식. 이 모든 것이 아이에게 "쉬어도 돼"라고 속삭인다. 그 속삭임은 너무나 강력해서, 아이의 의지력만으로는 이겨내기 어렵다.

의지력은 제한된 자원이다

"공부해!"

"집중해!"

"정신 차려!"

부모인 우리는 아이에게 이런 말을 쉽게 한다. 마치 의지만 있으면 뭐든 할 수 있다는 듯이, 의지력이 무한한 자원인 것처럼. 그러고는 아이가 공부를 안 하면 우리는 생각한다.

'저 아이는 의지가 약해. 더 강하게 마음먹어야 해.'

그래서 잔소리를 하고, 혼을 내고, 때로는 벌을 준다. 그러면 아이는 잠시 공부를 한다. 하지만 며칠 지나면 다시 원래대로 돌아간다. 그러면 우리는 다시 탄식한다.

'역시 의지가 약해서 안 되는구나.'

이 의지에 대해 심리학자들은 어떤 이야기를 했을까? 1998년, 심리학자 로이 바우마이스터*Roy Baumeister*와 그의 동료들은 획기적인 실험을 진행했다. 그들은 실험 참가자들을 두 그룹으로 나누었다. 두 그룹 모두 배고픈 상태였다. 실험실에는 갓 구운 초콜릿 쿠키가 놓여 있었고, 그 냄새가 방 안을 가득 채웠다. 첫 번째 그룹에게는 쿠키를 먹어도 좋다고 말했고, 두 번째 그룹에게는 쿠키를 먹지 말고 대신 무를 먹으라고 했다. 참가자들은 그 지시를 따랐다. 두 번째 그룹 사람들은 쿠키 앞에서 참으며 억지로 무를 먹었다. 얼마나 힘들었을까. 코로는 초콜릿 냄새가 들어오고, 눈으로는 먹음직스러운 쿠키가 보이는데 먹을 수 없다니.

그다음이 중요하다. 바우마이스터는 두 그룹에게 똑같은 퍼즐 문제를 주었다. 사실 이 퍼즐은 풀 수 없도록 설계된 문제였다. 그가 보고 싶었던 것은 참가자들이 얼마나 오래 포기하지 않고 시도하는지였다.

결과는 놀라웠다. 쿠키를 먹은 첫 번째 그룹은 평균 19분 동안 퍼즐을 풀려고 시도했다. 하지만 쿠키를 못 먹고 참았던 두 번째 그룹은 평균 8분 만에 포기했다. 같은 사람들이었고, 같은 퍼즐이었으며, 같은 환경이었다. 단 하나 달랐던 것은 두 번째 그룹이 쿠키 먹는 걸 참느라 의지력을 소진했다는 것뿐이었다.

이 실험을 통해 '자아 고갈*ego depletion*'이라는 개념이 세상에 알려졌다. 인간의 의지력은 근육과 같다. 쓰면 쓸수록 피로해진다. 아침에

의지력 고갈 실험

가득 차 있던 의지력은 하루 종일 크고 작은 결정을 내리고, 유혹을 참고, 집중을 유지하면서 점점 소진된다(참고로 이 실험의 결과에 대해서는 이후 학계에서 논쟁이 있었다. 2010년대에 진행된 대규모 재현 연구에서 효과가 확인되지 않은 경우도 있었고, 바우마이스터 본인도 의지력 고갈의 정도가 개인의 신념에 따라 달라질 수 있다고 수정했다. 그러나 의지력이 무한하지 않다는 기본 전제는 여전히 많은 연구자들이 동의하는 부분이다).

아이의 하루를 다시 생각해보자. 학교에서 6시간을 보낸다. 그동안 아이는 얼마나 많은 의지력을 사용할까. 수업 시간에 집중하기, 하고 싶은 말 참기, 친구와의 갈등 조절하기, 체육 시간에 힘든 것 견디기, 급식 줄에서 새치기 하고 싶은 것 참기. 하나하나가 다 의지력을 요구하는 일이다.

학원에 가면 상황은 반복된다. 또다시 2시간 동안 집중해야 한다.

졸음을 참아야 하고, 딴생각을 밀어내야 하며, 모르는 문제를 붙잡고
버텨야 한다. 의지력은 계속해서 소진된다.

그리고 집에 돌아온다. 이제 아이의 의지력 배터리는 거의 바닥
이다. 핸드폰에 비유하자면 5퍼센트밖에 남지 않은 상태다. 그 상태
에서 우리는 아이에게 말한다.

"이제 방에 들어가서 공부해. 열심히 집중해."

이것은 배터리가 5퍼센트밖에 안 남은 핸드폰에 "계속 작동해, 더
열심히 일해"라고 요구하는 것과 같다. 이는 물리적으로 불가능하다.
의지가 약해서가 아니라, 의지력이 이미 소진되었기 때문이다.

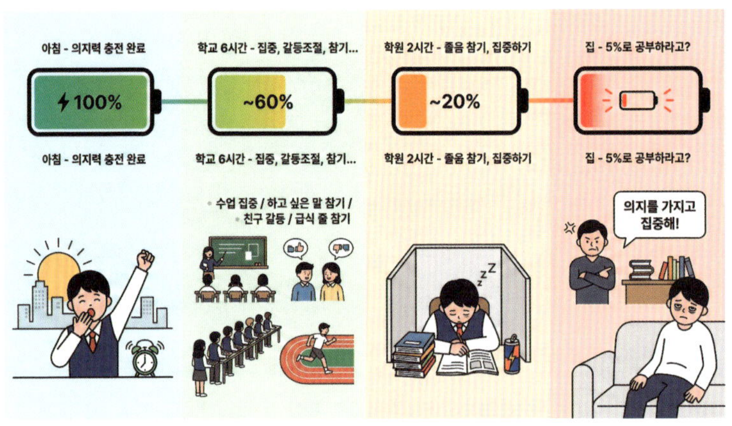

하루 동안의 의지력 배터리 소진

우리 어른들이라고 해서 다르지 않다. 직장에서 하루 종일 일하
고 돌아온 우리 부모들은 어떤가. 저녁에 운동하려던 계획을 포기하

고 소파에 눕는다.

"오늘은 너무 피곤해. 내일부터 해야지."

다이어트 중이면서도 야식을 먹는다.

"오늘만 먹고 내일부터 다시 시작해야지."

우리도 의지력이 소진되면 계획했던 것을 실행하지 못한다. 그런데 우리는 아이에게만 다른 기준을 적용한다. 어른인 우리도 힘든 일을, 아이가 당연히 해내야 한다고 생각한다. 이것은 공평하지 않다.

그렇다면 어떻게 해야 할까? 아이의 의지력을 강화해야 할까? 더 많이 격려하고, 더 강하게 동기부여해야 할까?

아니다. 해답은 다른 곳에 있다. 의지력에 의존하지 않는 시스템을 만들어야 한다. 아이가 특별히 노력하지 않아도, 의식적으로 집중하려 애쓰지 않아도, 자연스럽게 공부하게 되는 환경을 설계하는 것이다.

자동차를 생각해보자. 옛날에는 운전하기가 힘들었다. 파워 스티어링도 없었고, 에어컨도 없었으며, 내비게이션도 없었다. 운전자는 힘들게 핸들을 돌리고, 더위를 참으며, 지도를 보며 길을 찾아야 했다. 의지력이 많이 필요했다.

하지만 요즘 자동차는 다르다. 파워 스티어링이 핸들을 가볍게 만들어주고, 에어컨이 쾌적한 온도를 유지하며, 내비게이션이 길을 안내한다. 운전자는 훨씬 적은 노력으로 같은 거리를 갈 수 있게 됐다. 의지력이 전보다 덜 필요하다.

공부 환경도 마찬가지다. 의지력을 덜 사용하게 만드는 장치를 설치하는 것이다. 편안한 의자는 '엉덩이 아픈 것 참기'라는 의지력 소모를 줄여준다. 정돈된 책상은 '필요한 것 찾기'라는 의지력 소모를 줄여준다. 적절한 조명은 '눈 피로 참기'라는 의지력 소모를 줄여준다.

이렇게 하나하나 의지력 소모를 줄이면 아이는 더 오래, 더 깊이 집중할 수 있게 된다. 의지가 강해져서가 아니라 의지력을 효율적으로 사용하게 되어서다.

매슬로우가 말하는 환경의 중요성

1943년, 심리학자 에이브러햄 매슬로우Abraham Maslow는 한 편의 논문을 발표한다. 제목은 〈인간 동기 이론A Theory of Human Motivation〉이었다. 이 논문에서 그는 인간의 욕구를 5단계로 나누어 설명했다. 이것이 바로 그 유명한 '욕구 단계 이론'이다.

가장 아래 1단계에는 생리적 욕구가 있다. 배고픔, 갈증, 수면, 호흡 등 생존을 위한 가장 기본적인 욕구다. 2단계는 안전의 욕구다. 신체적 안전, 건강, 안정된 환경 등 위험으로부터 보호받고 싶은 욕구다. 3단계는 소속의 욕구다. 사랑받고 싶고, 친구를 사귀고 싶으며, 집단에 속하고 싶은 욕구다. 4단계는 존중의 욕구다. 타인에게 인정받고 싶고, 자신을 가치 있게 여기고 싶은 욕구다.

그리고 마지막 5단계가 자아실현의 욕구다. 자신의 잠재력을 발휘하고 싶은 욕구, 배우고 성장하고 싶은 욕구, 창의적으로 무언가를 만들고 싶은 욕구다.

매슬로우 욕구 단계 피라미드

매슬로우의 핵심 통찰은 이것이다. 아래 단계 욕구가 충족되지 않으면, 위 단계 욕구는 발현되지 않는다. 이것이 공부방과 무슨 관계가 있을까. 관계가 크다.

공부는 자아실현 욕구에 해당한다. 새로운 것을 배우고, 문제를 해결하며, 지적으로 성장하는 것, 이것이 진정한 학습이다. 그런데 아이가 배고프면 어떨까. 1단계 생리적 욕구가 충족되지 않은 경우 뇌는 음식을 찾는 데 집중한다. 아무리 좋은 책이 눈앞에 있어도, 뇌는 학습에 관심이 없다. 살아남는 게 먼저다.

2단계 안전의 욕구도 마찬가지다. 방이 너무 덥거나 춥다면 어떨까. 몸이 불편하면 뇌는 체온 조절에 집중한다. 학습은 뒷전이다. 책상 앞에 앉아 있어도 실제로 뇌는 다른 곳에 있다. 추운 방에서 덜덜 떠는 아이를 상상해보자. 손이 시려서 연필을 쥐기가 힘들고 발이 시려서 자꾸 움직인다. 이럴 때 아이는 무엇을 생각할까. '빨리 이거 끝내고 따뜻한 거실로 나가야지.' 공부가 목적이 아니라 탈출이 목적이 된다.

3단계 소속의 욕구도 중요하다. 아이가 고립되어 있다고 느끼면 학습에 집중하기 어렵다. 특히 어린아이일수록 그렇다. 이것이 많은 아이들이 거실에서 공부하려는 이유다. 방에 혼자 있으면 외롭다. 부모가 보이는 곳에 있고 싶다. "엄마 어디 있어요?"라고 자꾸 나와서 확인한다. 이것은 떼를 쓰는 게 아니라 소속 욕구가 충족되지 않았기 때문이다.

4단계 존중의 욕구도 채워져야 한다. 아이가 자신이 가치 있다고 느껴야 한다. 부모가 계속 "너는 왜 이것도 못 해", "동생은 하는데 너는 왜 안 해"라고 비교하고 야단치면 어떨까. 아이의 자존감은 바닥으로 떨어진다. 자존감이 떨어진 아이는 '어차피 나는 안 돼'라고 생각하며 포기한다. 학습 의욕이 생길 리 없다.

이 네 단계가 모두 충족되어야 마침내 5단계 자아실현 욕구가 발현된다. 그제서야 아이는 진정으로 배우고 싶은 마음을 갖는다. 호기심이 생기고, 탐구하고 싶어지며, 새로운 것을 알아가는 즐거움을 느낀다.

공부방을 만든다는 것은 바로 이 '아래 단계들의 욕구'를 충족시키는 일이다. 적절한 온도와 습도를 유지하고, 편안한 의자와 책상을 마련하며 충분한 빛을 제공하고, 조용한 환경을 만드는 것이다. 또한 손이 닿는 곳에 필요한 물건들을 배치하고, 아이가 원할 때 부모와 자연스럽게 소통할 수 있도록 하는 것이다. 무엇보다 아이를 존중하고, 노력 자체를 격려하는 것이다.

이런 기본적인 환경 요소들이 갖춰져야 아이의 뇌는 비로소 학습에 집중할 수 있다. 다시 말해, 좋은 공부방은 단순히 책상과 의자를 놓는 것이 아니라, 매슬로우의 욕구 단계를 하나하나 충족시켜주는 시스템이다.

많은 부모들이 이것을 모른다. 그래서 비싼 책상을 사주고, 좋은 책을 쌓아두고, "이제 네가 할 일은 공부뿐이야"라고 말한다. 하지만 아이의 방이 너무 덥거나 춥거나, 의자가 불편하거나, 고립되어 있거나 하면 그 모든 책상과 책은 무용지물이다. 아이는 학습할 준비가 되어 있지 않다. 환경을 먼저 갖춰야 한다. 그다음에 학습이 일어난다. 이것이 매슬로우가 우리에게 주는 교훈이다.

뇌는 환경에 반응한다

2011년, 프린스턴 대학 신경과학연구소의 스테파니 맥메인스 Stephanie McMains 와 사빈 캐스트너 Sabine Kastner 연구팀은 fMRI(기능적 자기공명영상) 장비를 사용해서 시각적 자극이 뇌에 미치는 영향을 연구했다. 연구팀은 참가자들에게 여러 개의 시각 자극이 동시에 존재하는 상황에서 과제를 수행하게 했다. 그리고 뇌의 활동을 관찰했다.

결과는 놀라웠다. 시야에 여러 자극이 동시에 존재하면 그것들이 시각 피질에서 서로 경쟁하며 상호 억제했다. 쉽게 말해, 눈앞에 물건이 많을수록 뇌는 그것들을 처리하느라 더 많은 에너지를 소모한다는 것이다.

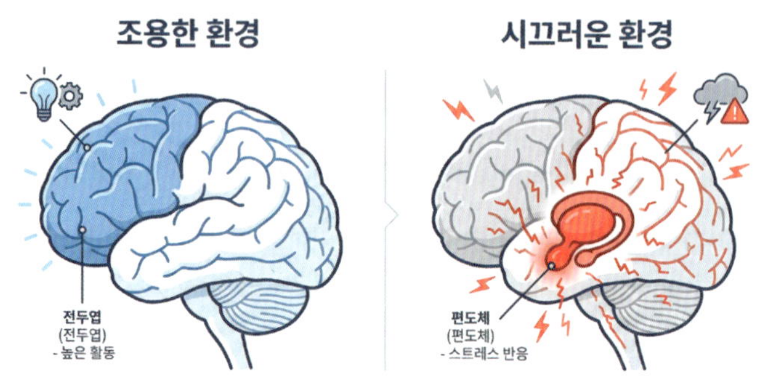

뇌 반응 비교

캐스트너 교수의 20년에 걸친 주의력 연구는 더 명확한 결론을 보여준다. 시각적 혼란은 뇌의 주의력과 경쟁하며, 시간이 지나면서 인지 기능을 피로하게 만든다. 뇌가 불필요한 정보를 걸러내기 위해 계속 일해야 하기 때문이다.

이것이 공부방과 무슨 관계가 있을까. 어질러진 책상을 상상해보자. 교과서, 만화책, 게임기, 과자 봉지, 피규어, 사진 액자 등 이 모든 것이 시각적 자극이다. 아이가 책을 펼치고 집중하려 해도 뇌는 주변의 모든 물건을 처리하느라 바쁘다. 의식적으로는 책에 집중하려 해도 뇌의 일부는 계속 다른 물건들에 반응한다.

반대로 정돈된 책상은 어떨까. 책과 공책, 연필만 있다. 시각적 자극이 최소화되어 있다. 이 경우, 뇌는 불필요한 정보를 걸러내느라 에너지를 쓸 필요가 없다. 온전히 책 내용에 집중할 수 있게 된다.

캐스트너 교수는 이렇게 조언한다.

시각적 자극과 뇌의 에너지 소모

"일하는 동안 블라인드를 내리거나, 작업 공간을 정리하는 것만으로도 생산성이 높아질 수 있습니다."

소리도 마찬가지다. 연구에 따르면 조용한 환경에서 과제를 수행할 때와 배경 소음이 있을 때 뇌의 활동 패턴이 달라진다. 조용한 환경에서는 전두엽이 활성화되어 논리적 사고와 집중이 잘 된다. 하지만 소음이 있으면 뇌는 그 소리에 대응하느라 바빠진다.

더 흥미로운 점은 사람들 대부분이 소음이 신경 쓰인다고 의식하지 못한다는 것이다. "별로 시끄럽지 않은데요"라고 대답한다. 하지만 뇌는 다르다. 의식적으로는 괜찮다고 느껴도 뇌는 이미 반응한다.

조명도 뇌에 직접적인 영향을 미친다. 빛의 색온도에 따라 뇌의 각성 상태가 달라진다. 색온도는 켈빈(K) 단위로 측정하는데, 숫자가 낮을수록 노란빛을 띠고, 높을수록 푸른빛을 띤다.

2700K 정도의 따뜻한 전구색 조명은 편안함을 준다. 저녁 식사

를 하거나 휴식을 취할 때 좋다. 하지만 이 조명 아래서 공부하면 어떨까. 뇌는 이완 모드로 들어간다. 멜라토닌 분비가 촉진되어 졸음이 온다. 책을 펼쳐놓고 앉아 있어도 눈꺼풀이 무거워지는 것이다. '왜 이렇게 졸리지'라고 생각하지만, 사실은 조명 때문이다.

반면 5000K 정도의 주광색 조명은 각성도를 높인다. 햇빛과 비슷한 색온도여서 뇌가 '지금은 활동 시간'이라고 인식한다. 멜라토닌 분비가 억제되고, 세로토닌 분비가 촉진된다. 눈이 또렷해지고 집중력이 향상된다. 같은 책을 읽어도 이해가 더 잘되고, 같은 문제를 풀어도 실수가 줄어든다.

이것은 의지의 문제가 아니다. 뇌가 빛에 자동으로 반응하는 것이다. 아이에게 "정신 차려"라고 아무리 말해도, 조명이 2700K라면 아이의 뇌는 계속 이완 모드를 유지하게 된다.

이 모든 연구 결과가 우리에게 말하는 것은 하나다. 뇌는 환경에 자동으로 반응한다. 그것도 우리가 의식하지 못하는 사이에. 아이가

조명 색온도와 뇌의 각성 상태

같은 공부를 해도, 조용한 방에서 할 때와 TV 소리가 들리는 거실에서 할 때 뇌의 활동 패턴은 완전히 다르다. 정돈된 책상에서 할 때와 어질러진 책상에서 할 때 집중력 역시 다르다. 결과는 당연히 달라질 수밖에 없다.

이는 의지의 문제도 아니고, 아이가 게으르거나 나약해서도 아니다. 뇌의 자동적 반응이다. 생존을 위해 진화 과정에서 발달한, 바꿀 수 없는 메커니즘이다.

그렇다면 우리가 할 일은 명확하다. 아이에게 "정신 차려", "집중해"라고 말하는 것이 아니라, 아이의 뇌가 학습 모드로 작동할 수 있는 환경을 만들어주는 것이다. 조용한 공간, 적절한 조명, 편안한 의자, 쾌적한 온도. 이것들이 갖춰지면, 아이의 뇌는 자동으로 학습에 최적화된 상태가 된다. 환경을 바꾸는 것이 곧 뇌를 바꾸는 것이다.

습관은 환경에서 만들어진다

USC(남가주대학교) 심리학과 교수 웬디 우드Wendy Wood는 30년간 습관을 연구해온 학자다. 그녀의 연구에 따르면, 우리 일상 행동의 약 43퍼센트가 습관적으로, 거의 무의식적으로 수행된다. 우드 교수는 이렇게 말한다.

"많은 사람은 자신이 항상 선택을 하고 있다고 생각하죠. 하지만 점심에 패스트푸드를 먹거나 오후에 자판기 간식을 먹는 이유가 일상적인 환경과 루틴에 의해 유발된다는 것을 깨닫지 못합니다."

습관이 형성되려면 세 가지가 필요하다. 반복, 맥락(환경), 그리고 보상이다. 같은 환경에서 같은 행동을 반복하고, 그 행동에서 어떤 보상을 얻으면 습관이 형성된다. 중요한 것은 이 과정에서 환경이 핵심 역할을 한다는 점이다.

우드 교수 연구팀이 진행한 한 연구가 이를 잘 보여준다. 연구팀은 대학을 옮긴 학생들을 추적 조사했다. TV 시청 습관이 있던 학생들의 경우, 새 학교에서 TV가 이전과 다른 위치에 있으면 TV 시청 습관을 끊는 데 성공한 반면, TV가 이전과 같은 위치(예: 침대 맞은편)에 있으면 습관을 끊지 못했다.

이것이 의미하는 바가 무엇일까. 습관은 환경의 신호^{cue}에 의해 자동으로 촉발된다는 것이다. 특정 장소, 특정 시간, 특정 상황이 신호가 되어 행동을 유발한다.

이 원리는 공부에도 똑같이 적용된다. 예를 들어 책상을 생각해보자. 아이의 책상 위에 무엇이 놓여 있는가. 만약 만화책, 게임기 충전기, 피규어, 과자 봉지가 먼저 눈에 띈다면 아이는 그것들을 먼저 볼 것이다. 책을 펼치기도 전에 만화책을 집어 들고 연필을 찾기도 전에 과자 봉지를 뜯을 것이다. 의지가 약해서가 아니다. 그것들이 먼저 눈에 띄었기 때문이다.

반대로 책상 위에 교과서가 펼쳐져 있고, 연필과 공책이 바로 앞에 놓여 있으며, 사전이 손 닿는 곳에 있다면 어떨까. 아이는 자연스럽게 그것들을 먼저 볼 것이다. 교과서를 읽고, 연필을 집어 들며, 모

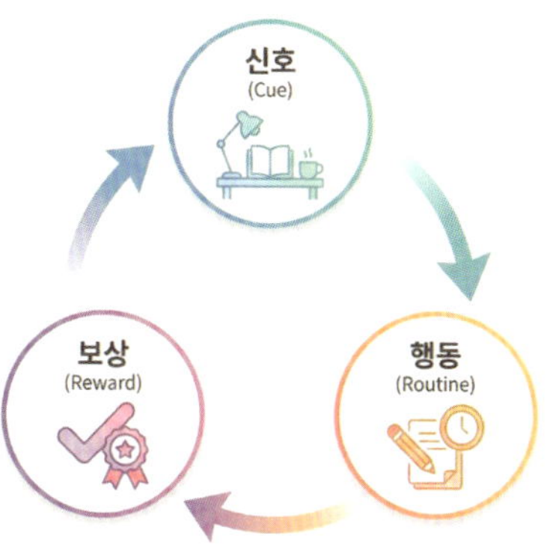

습관 루프

르는 단어를 사전에서 찾을 것이다. 의지가 강해져서가 아니다. 그것들이 눈에 띄고 손에 닿기 때문이다.

우드 교수는 이것을 '마찰friction'이라는 개념으로 설명한다. 어떤 행동을 하기까지의 장벽을 의미한다. 마찰이 낮으면 행동이 쉽게 일어나고, 마찰이 높으면 행동이 어려워진다.

고전적인 연구 하나가 이를 보여준다. 엘리베이터 문이 닫히는 시간을 16초 늦추었는데, 사람들이 엘리베이터 대신 계단을 이용하는 비율이 높아졌다. 고작 16초이지만, 그 작은 불편함이 행동을 바꿨다.

공부에 적용하면 이렇다. 책을 읽고 싶다면 책을 눈에 띄는 곳에 둔다. 소파 옆, 식탁 위, 침대 머리맡, 아이가 자주 가는 곳 어디든. 게임을 줄이고 싶다면 게임기를 불편한 곳에 둔다. 높은 선반 위, 다른 방, 서랍 깊숙이. 꺼내려면 의자를 가져와야 하거나, 문을 열고 다른 방에 가야 하게 말이다.

이것이 환경 설계다. 좋은 행동의 마찰을 줄이고, 나쁜 행동의 마찰을 늘리는 것. 의지력에 의존하지 않고, 환경의 힘을 빌리는 것이다.

이제 어느 가정의 이야기를 소개하겠다. 중학교 1학년 시현이는 독서를 싫어했다. 엄마는 매일 "책 읽어"라고 잔소리했지만, 서현이는 핸드폰만 봤다. 엄마는 시현이의 의지가 약하다고 생각했다.

내가 시현이네 집을 방문했을 때 먼저 환경을 살펴봤다. 책은 시현이 방 책장에 있었다. 책장은 방 한쪽 구석에 있었고, 책들은 등만 보이게 빼곡히 꽂혀 있었다. 반면 핸드폰은 어디에 있었을까? 거실 소파 위, 손만 뻗으면 닿는 곳에 있었다.

문제는 의지가 아니라 환경이었다. 책을 읽으려면 방에 들어가고, 책장까지 걸어가고, 책을 고르고, 다시 읽을 장소를 찾아야 했다. 핸

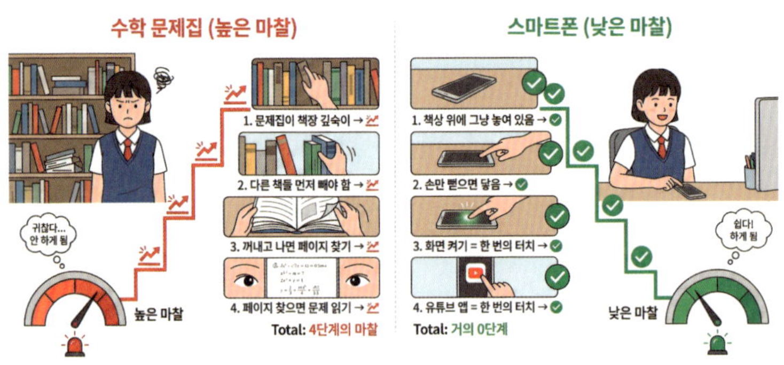

마찰의 개념

드폰을 쓰려면 그냥 손을 뻗으면 됐다.

그래서 우리는 환경을 바꿨다. 소파 옆 작은 테이블에 책 서너 권을 표지가 보이게 세워두었다. 시현이가 좋아할 만한 책들로. 그리고 핸드폰은 현관 입구의 작은 바구니에 두기로 했다. 집에 들어오면 바구니에 넣고, 나갈 때 가져가는 규칙을 정했다.

그렇게 두 달이 지났을까. 서현이 엄마에게서 연락이 왔다.

"시현이가 책을 읽기 시작했어요. 매일은 아니지만, 소파에 앉으면 자연스럽게 옆에 있는 책을 집어 들어요."

시현이의 의지가 강해진 걸까? 아니다. 환경이 바뀌었을 뿐이다. 책이 눈에 띄고 손에 닿는 곳으로 왔고, 핸드폰은 멀어졌다. 마찰이 바뀌자 행동이 바뀌었다.

습관이란 무엇일까? 반복된 행동이다. 처음에는 의식적으로 하지만, 반복되면 무의식적으로 하게 된다. 아침에 일어나서 이를 닦는 것처럼, 생각하지 않아도 자동으로 하게 되는 것이 습관이다.

그렇다면 행동은 어디에서 시작될까? 환경의 신호에서 시작된다. 세면대를 보면 이를 닦고 싶어진다. 소파를 보면 눕고 싶어진다. 책상을 보면 공부하고 싶어지거나, 혹은 공부하기가 싫어진다. 책상이 어떤 신호를 보내는가에 따라 다르다.

정돈된 책상, 펼쳐진 책, 손 닿는 곳에 있는 연필. 이것들은 "공부하자"라는 신호다. 뇌는 이 신호를 받고 공부 모드로 전환한다. 반복되면 습관이 된다. 책상 앞에 앉으면 자동으로 공부를 시작하는 습관이 되는 것이다.

반대로 어질러진 책상, 만화책과 게임기, 찾을 수 없는 연필. 이것들은 "여기서는 놀아도 돼"라는 신호다. 뇌는 이 신호를 받고 놀이 모드로 전환한다. 반복되면 역시 습관이 된다. 책상 앞에 앉으면 자동으로 딴짓을 시작하는 습관이 되는 것이다.

환경이 신호를 보내고, 신호가 행동을 유발하며, 행동이 반복되면 습관이 된다. 이것이 습관 형성의 메커니즘이다.

세계의 교육 선진국들이 하는 것

핀란드는 교육 강국으로 유명하다. PISA(국제학업성취도평가)에서 항상 상위권을 차지한다. 핀란드 교육의 비결이 무엇일까? 많은 것이 있지만, 그중 하나가 '학습 환경'에 대한 집중이다.

핀란드 학교를 방문하면 놀라게 된다. 교실이 넓고 밝다. 창문이 크고, 자연광이 풍부하다. 가구는 학생 키에 맞게 조절할 수 있다. 색상은 차분하고, 소음은 최소화되어 있다. 복도에는 학생들의 작품이 전시되어 있고, 곳곳에 편안한 독서 공간이 마련되어 있다.

핀란드 교육 전문가들은 말한다. "환경은 세 번째 교사다"라고. 첫 번째 교사는 부모, 두 번째 교사는 선생님, 그리고 세 번째 교사가 환경이라는 것이다. 환경이 그만큼 중요하다는 의미다.

일본도 학습 환경에 관심이 많은 나라다. 일본 교육 환경 전문가 이시다 가츠노리石田勝紀는 35년간 학습 공간을 관찰하며 중요한 패턴을 발견했다. 성적이 좋은 학생들의 책상에는 공통점이 있었던 것이다. 정돈되어 있고, 필요한 것만 있으며, 시각적 방해 요소가 최소화되어 있었다.

미국에서는 '환경 디자인'이 교육의 한 분야로 자리 잡았다. 학교 건물을 설계할 때 학습 효과를 고려한다. 조명의 밝기와 색온도, 소음 수준, 공기질, 온도, 색상, 가구 배치. 이 모든 것이 학습에 영향을 미친다는 연구 결과가 축적되었고, 이를 바탕으로 학교를 설계한다.

이런 나라들의 공통점은 무엇일까. '의지보다 환경'에 집중한다는 것이다. 물론 의지도 중요하고, 동기부여도 필요하다. 하지만 그것만으로는 부족하다. 환경이 뒷받침되지 않으면, 아무리 강한 의지도 오래가지 못한다. 반대로 환경이 잘 갖춰지면, 적은 의지로도 좋은 습관을 유지할 수 있다. 이것이 교육 선진국들이 발견한 진실이다.

한국 아파트의 현실적 문제와 개선 가능성

그렇다면 한국은 어떨까? 한국의 주거 환경, 특히 아파트는 학습에 적합할까. 사실, 한국 아파트는 몇 가지 현실적인 문제를 안고 있다.

첫째, 공간이 좁다. 특히 대도시의 아파트는 작다. 20평형대, 30평형대가 많다. 방도 작다. 자녀 방은 보통 3~4평 정도다. 이 좁은 공간에 침대, 책상, 책장, 옷장을 다 넣어야 한다. 그러니 여유가 없다.

둘째, 구조가 비슷하다. 한국 아파트는 대부분 비슷한 구조다. 거실을 중심으로 방들이 배치되어 있고, 방의 크기와 모양도 비슷하다. 개인의 필요에 맞게 구조를 바꾸기가 어렵다.

셋째, 소음 문제가 있다. 층간 소음은 한국 아파트의 고질적인 문제다. 위층 아이가 뛰어다니는 소리, 옆집의 TV 소리, 복도의 발자국 소리 등. 이런 소음이 학습을 방해한다.

하지만 한국 아파트에도 분명한 발전 가능성은 있다.

첫째, 표준화되어 있어서 솔루션을 공유하기 쉽다. 비슷한 구조이기 때문에 한 가정에서 효과가 있었던 방법이 다른 가정에서도 적용 가능하다. 이 책에서 제시하는 방법들도 대부분의 한국 아파트에서 적용할 수 있다.

둘째, 가구와 용품이 풍부하다. 한국은 가구 산업이 발달해 있다. 다양한 크기와 디자인의 가구를 쉽게 구할 수 있다. 공간 활용을 도와주는 수납 용품도 많다. 이것들을 잘 활용하면 좁은 공간도 효율적으로 쓸 수 있다.

셋째, 동선이 짧다. 좁은 공간의 장점이다. 필요한 것이 가까이 있다. 책상에서 책장까지 몇 발자국이면 닿는다. 이것을 잘 활용하면 오히려 효율적인 학습 환경을 만들 수 있다.

어느 30평형대 아파트에 사는 가족의 이야기를 소개하겠다. 이 집에는 초등학생 두 명이 한 방을 쓰고 있었다. 방 크기는 4평. 침대 두 개와 책상 두 개를 넣으니 빈 공간이 없었다. 아이들은 늘 좁다고 불평했고, 공부에 집중하지 못했다.

우리가 한 것은 가구 배치를 바꾼 것이었다. 이층 침대를 도입해서 바닥 공간을 확보했다. 책상 두 개를 'L'자로 배치해서 각자의 영역을 만들었다. 책장은 방문 옆 벽에 붙여서 동선을 방해하지 않게 했다. 그리고 각 책상에 작은 칸막이를 설치해서 서로의 시야를 가렸다.

결과는 놀라웠다. 같은 4평인데, 아이들은 '방이 넓어졌다'고 느꼈다. 각자의 공간이 생기니 집중도 더 잘됐다. 엄마는 신기해하며 말했다.

"가구는 하나도 바꾸지 않았는데 완전히 다른 방이 되었어요. 아이들이 스스로 방에 들어가서 공부해요. 예전에는 거실에만 있으려 했는데…."

이것이 한국 아파트의 발전 가능성이다. 큰돈을 들여 리모델링할 필요도, 새 가구를 살 필요도 없다. 공간을 이해하고, 동선을 설계하며, 배치를 최적화하는 것만으로도 큰 변화를 만들 수 있다.

또 다른 장점도 있다. 한국 부모들은 교육열이 높다. 아이를 위해서라면 시간과 돈을 아끼지 않는다. 이 열정을 올바른 방향으로 쓰면 어떨까. 비싼 학원비를 쓰는 것도 중요하지만, 집의 학습 환경을 개선하는 것도 그만큼 중요하다. 아니, 어쩌면 더 중요할지도 모른다. 왜냐하면 아이가 가장 오래 머무는 곳이 집이기 때문이다.

마지막으로, 한국 아파트의 크기는 다양하다. 20평형대 작은 아파트부터 50평형대 이상의 큰 아파트까지. 각자의 상황에 맞는 솔루션이 있다. 좁은 방에는 좁은 방의 지혜가, 넓은 방에는 넓은 방의 전략이 있다. 이 책의 다음 파트에서 실제 방 크기별로 구체적인 방법을 제시할 것이다.

한국 아파트는 한계가 아니다. 표준화되어 있어서 오히려 효율적이고, 제한되어 있어서 오히려 창의적이며, 교육열이 높아서 오히려 실천 가능성이 높다. 우리는 충분히 할 수 있다.

작은 장치의 큰 효과

내가 강조하고 싶은 것은 이것이다. 거창한 리모델링이 필요하지 않다. 수천만 원을 들여 인테리어를 새로 할 필요도 없다. 새 아파트로 이사할 필요도, 방을 증축할 필요도 없다. 때로는 작은 장치 하나가 큰 변화를 만든다.

많은 부모들이 공부방을 만들 때 큰 투자를 해야 한다고 생각한다. 비싼 책상을 사야 한다고 생각하고, 전문 업체에 의뢰해야 한다고 생각하며, 벽지를 새로 바르고 조명을 전부 바꿔야 한다고 생각한다. 그래서 망설인다. '나중에 돈 모아서 한꺼번에 해야지.' 하지만 나중은 오지 않는다. 아이는 지금 자라고 있다.

진실은 이것이다. 작은 변화도 충분히 효과가 있다. 의자 하나를 바꾸는 것, 책상의 방향을 바꾸는 것, 조명 하나를 추가하는 것, 책장의 위치를 옮기는 것 등 이런 작은 변화들이 모여 환경을 바꾸고, 환경이 바뀌면 습관이 바뀐다.

이번에는 또 다른 가정의 사례를 소개하겠다. 중학교 3학년 준서는 방에 들어가기를 싫어했다. 방에는 모든 것이 다 있었다. 2m 폭의 넓은 책상, 높이 조절 의자, 밝은 LED 스탠드, 책을 가득 채운 책장 등. 엄마는 준서를 위해 수백만 원을 들여 가구를 샀다. 하지만 준서는 여전히 거실에만 있으려 했다. "방에 들어가서 공부해"라고 말하면, 준서는 마지못해 방으로 갔다. 하지만 10분도 안 돼서 나왔다. "물 마시러요", "화장실 가려고요", "배고파요." 이유는 매번 달랐지만, 결과는 같았다. 방에서 오래 있지 못했다. 엄마는 준서가 게으르다고 생각했다.

"나는 네 나이 때 이런 방도 없이 공부했어. 넌 이렇게 좋은 환경에서 왜 공부 안 해?"

준서는 아무 말도 하지 않았다. 사실 준서 자신도 이유를 몰랐다. 그저 방에 있는 게 싫었다. 뭔가 불편했다. 하지만 뭐가 불편한지는 설명할 수 없었다.

내가 준서네 집을 방문한 것은 엄마의 요청 때문이었다.

"좀 봐주세요. 돈 들여 이렇게 꾸며줬는데 아이가 방에 안 들어가요."

나는 준서 방을 둘러봤다. 책상, 의자, 스탠드, 책장. 모두 좋은 제품들이었다. 배치도 나쁘지 않아 보였다. 그런데 뭔가 이상했다. 책상이 방문을 등지고 있었다. 준서가 책상 앞에 앉으면, 방문이 등 뒤에 있는 것이다.

나는 준서에게 물었다.

"여기 앉아서 공부하면 어때?"

준서는 잠시 생각하더니 말했다.

"음… 뭔가 신경 쓰여요. 누가 문 열고 들어올 것 같아요."

바로 그것이었다. 준서는 무의식적으로 불안함을 느끼고 있었다. 원시 시대부터 인간은 등 뒤에 위협이 있을 때 불안해하도록 진화했다. 사자나 곰이 뒤에서 습격할 수 있기 때문이다. 현실에서는 사자도 곰도 없지만, 뇌는 여전히 같은 방식으로 반응한다. 등 뒤에 문이 있으면 누가 언제 들어올지 모른다는 불안감을 느낀다. 의식하지 못해도 뇌는 계속 경계 상태를 유지한다. 그래서 집중할 수 없다.

우리는 간단한 변화를 시도했다. 책상을 90도 돌렸다. 방문이 시야에 들어오는 위치로. 이제 준서가 책상 앞에 앉으면 방문을 볼 수 있었다. 누가 들어오면 바로 알 수 있으니 불안감이 사라졌다. 또 하나 더 했다. 책상 뒤에 낮은 책장을 배치했다. 등을 받쳐주는 느낌을 주기 위해서였다. 심리학에서는 이것을 '심리적 지지'라고 부른다. 인간은 등 뒤에 벽이나 가구가 있으면 안정감을 느낀다. 반대로 등 뒤가 텅 비어 있으면 불안하다. 그것만으로 충분했다. 가구를 바꾼 것도 아니고, 돈을 쓴 것도 아니었다. 그저 책상을 90도 돌리고, 책장을 옮긴 것뿐이었다. 2시간도 안 걸린 작업이었다.

준서는 그날부터 자연스럽게 방에서 시간을 보내기 시작했다. 엄마가 말하지 않아도 방에 들어갔다. 책상 앞에 앉아 숙제를 했고, 책을 읽었으며, 생각을 정리했다. 한 달 후 엄마에게서 전화가 왔다.

"기적 같아요. 아이가 완전히 달라졌어요. 방을 좋아하게 됐어요."

준서가 달라진 걸까? 아니다. 환경이 달라진 것이다. 책상 배치 하나를 바꿨을 뿐인데, 아이의 행동이 달라진 것이다.

환경 설계는 사랑의 표현이다

혹자는 이렇게 말할지도 모른다.

"아이를 너무 편하게만 해주면 나약해지는 거 아닌가요? 불편함을 견디는 것도 배워야 하지 않나요?"

일리가 있는 말이다. 아이에게 모든 불편함을 제거해주는 것은 과잉보호일 수 있다. 도전을 회피하게 만드는 것일 수 있다. 하지만 환경 설계는 그런 것이 아니다. 환경 설계는 아이의 불편함을 모두 없애주는 것이 아니다. 불필요한 불편함을 제거해서 아이가 진짜 중요한 일에 집중할 수 있게 해주는 것이다.

예를 들어 생각해보자. 아이에게 너무 큰 어른용 책상을 주면 어떨까. 발이 바닥에 닿지 않아서 다리가 붕 뜰 것이고, 의자 높이가 맞지 않아서 허리가 구부러질 것이다. 이런 상태로 공부하면 30분도 앉아 있기 힘들다. 하지만 아이 키에 맞는 책상을 제공하면 어떨까? 발이 바닥에 편안히 닿고, 팔꿈치가 책상 위에 자연스럽게 올라갈 것이고, 그러면 자세가 바르고, 몸이 편안하며, 오래 앉아 있을 수 있게 된다.

이것이 바로 환경 설계다. 거창한 것이 아니다. 아이의 신체적 특성을 고려하고, 그에 맞는 가구를 제공하는 것이다. 이것을 나약하게 만드는 것이라고 할 수 있을까? 아니다. 이것은 기본적인 배려다.

또 다른 예를 들어보자. 조명을 생각해보자. 어두운 방에서 공부하면 눈이 피로하다. 글자가 잘 안 보여서 눈을 찡그리게 되고, 두통이 오며, 집중력이 떨어진다. 하지만 적절한 조명을 제공하면 눈의 피로가 줄어들고, 글자가 선명하게 보이며, 오래 읽을 수 있다.

이것도 환경 설계다. 아이가 어둠과 싸우느라 에너지를 낭비하지 않고, 온전히 책 내용에 집중할 수 있도록 돕는 것이다. 이것이 과잉보호일까? 아니다. 이것은 기본적인 인간에 대한 존중이다.

환경 설계는 사랑의 표현이다. 아이를 위해 시간을 들여 고민한다는 것, 아이의 불편함을 덜어주려 노력한다는 것, 아이가 최선을 다할 수 있는 조건을 만들어주려 애쓴다는 것. 이 모든 것이 사랑이다. 물론 모든 것을 완벽하게 해줄 수는 없다. 완벽한 환경이란 존재하지 않는다. 예산도 제한되어 있고, 공간도 제한되어 있으며, 시간도 부족하다. 하지만 완벽하지 않아도 괜찮다. 조금씩, 하나씩, 개선해나가면 된다. 오늘은 책상 높이를 조절하고, 다음 주에는 조명을 추가하며, 다음 달에는 의자를 바꾼다. 이렇게 조금씩 나아지는 것만으로도 충분히 의미가 있다. 그리고 이 과정에 아이를 참여시킬 수도 있다.

"네 방을 더 편하게 만들고 싶은데, 뭐가 불편해?"

"책상이 이쪽에 있는 게 좋을까, 저쪽에 있는 게 좋을까?"

이렇게 물어보면서 아이의 의견을 듣는 것이다. 그러면 아이도 자신의 환경에 대해 생각하게 되고, 주인의식을 갖게 되며, 감사함을 배운다.

환경을 설계하는 것은 아이를 나약하게 만드는 게 아니라 오히려 아이를 존중하는 것이다. "너는 좋은 환경에서 공부할 자격이 있어. 나는 네가 최선을 다할 수 있도록 도와주고 싶어." 이런 메시지를 전하는 것이다. 그리고 놀랍게도 이렇게 키운 아이들이 더 강하다. 왜

나하면 그들은 불편함과 싸우는 데 에너지를 쓰지 않았기 때문에, 학습 자체에 더 많은 에너지를 쏟을 수 있었기 때문에, 결과적으로 더 많이 배우고 더 깊이 이해했기 때문이다. 그래서 진짜 실력을 갖추게 된다.

"공부 잘하려면 의지가 강해야 해."

이 말은 반쪽짜리 진실이다. 의지도 물론 중요하다. 하지만 의지는 제한된 자원이다. 아침에 가득 차 있어도 저녁이면 바닥난다. 의지만으로는 오래가지 못한다.

"그러니까 환경을 바꿔라."

이것이 이 장에서 말하고 싶은 것이다. 환경이 행동을 만들고, 행동이 습관을 만든다. 환경이 바뀌면 아이는 자연스럽게 달라진다. 특별히 노력하지 않아도, 의식적으로 집중하려 애쓰지 않아도 된다. 반면 의지력은 한계가 있다. 의지력은 쉽게 고갈되고 충전이 필요하다.

하지만 환경은 다르다. 환경은 끊임없이 작동한다. 환경은 고갈되지 않는다. 환경은 24시간 아이 곁에 있다. 같은 아이라도 환경이 다르면 행동이 달라진다. 학교에서는 집중하던 아이가 집에서 딴짓하는 이유가 여기에 있다. 아이가 달라진 게 아니라 환경이 달라진 것이다.

그렇다면 해야 할 일은 명확하다. 집에도 학교 같은 환경을 만들어주는 것이다. 물론 똑같이 만들 수는 없다. 집은 집이고 학교는 학교다. 하지만 학습에 적합한 조건들, 적절한 조명, 정돈된 공간, 편안한 의자 등, 이런 것들은 집에서도 충분히 만들 수 있다.

이 책의 나머지 부분에서 우리는 구체적인 방법을 다룰 것이다. 방의 크기별로 어떻게 배치할 것인가, 조명은 어떻게 선택할 것인가, 소음은 어떻게 차단할 것인가, 핸드폰은 어떻게 관리할 것인가 등. 모두 실용적이고 바로 적용 가능한 방법들이다. 하지만 그 모든 방법의 밑바탕에는 하나의 원칙이 있다.

의지가 아닌 구조로

아이에게 "열심히 해", "집중해", "정신 차려"라고 말하기 전에, 먼저 환경을 살펴보라. 아이가 집중하기 어려운 이유가 환경에 있지 않은지 점검하라. 그리고 환경을 바꾸라. 그러면 아이는 달라진다. 이것이 공간 만들기가 의욕보다 더 크다는 말의 의미다. 환경의 힘을 믿으라. 그리고 활용하라.

2장

심리학으로 보는
학습 환경의 중요성

공간이 행동을 만든다

1969년, 미국 스탠퍼드 대학의 심리학자 필립 짐바르도[Philip Zimbardo]는 흥미로운 실험을 하나 진행했다. 그는 같은 차 두 대를 준비했다. 한 대는 뉴욕 브롱크스의 범죄율이 높은 지역에 세워두었고, 다른 한 대는 캘리포니아 팔로알토의 부유한 지역에 세워두었다. 두 차 모두 번호판을 떼고 보닛을 열어놓았다. 의도적으로 버려진 것처럼 보이게 만든 것이다.

결과는 어땠을까? 브롱크스에 세워둔 차는 10분 만에 파손되기 시작했다. 사람들이 배터리를 훔치고, 라디에이터를 뜯어갔으며, 타이어를 빼갔다. 하루가 지나자 차는 완전히 망가져 있었다. 하지만 팔로알토의 차는 일주일이 지나도 아무도 건드리지 않았다.

여기까지는 예상 가능한 결과였다. 범죄율이 높은 지역에서 더 빨리 망가진 것이다. 하지만 짐바르도는 한 가지를 더 시도했다. 팔로알토에 세워둔 차를 직접 망치로 내려쳐 창문을 깨뜨린 것이다. 그러자 놀라운 일이 벌어졌다. 몇 시간 만에 지나가던 사람들이 차를 파괴하기 시작한 것이다. 얌전했던 팔로알토 주민들도 이미 망가진 차를 보자 더 망가뜨리는 데 주저하지 않았다.

깨진 유리창 이론

이것이 바로 '깨진 유리창 이론'의 시작이다. 작은 무질서의 신호(깨진 유리창)가 더 큰 무질서를 불러온다는 이론이다. 환경이 사람의 행동을 바꾼다는 강력한 증거였다.

이 이론은 공부방에도 똑같이 적용된다. 어질러진 책상, 아무렇게나 쌓인 책들, 바닥에 널려 있는 물건들, 이것들은 "여기는 공부하는 곳이 아니야"라는 신호를 보낸다. 아이의 뇌는 무의식적으로 이 신호를 읽는다. "이미 망가진 공간이니까, 조금 더 어질러도 괜찮아. 정리 안 해도 괜찮아. 여기서 공부 안 해도 괜찮아"라고. 작은 무질서가 더 큰 무질서를 불러오는 상황이다.

반대로 정돈된 책상, 정리된 책장, 깨끗한 바닥, 이것들은 "여기는 질서가 있는 곳이야"라는 신호를 보낸다. 아이의 뇌는 이 신호를 읽고 행동을 맞춘다. "여기는 깨끗한 공간이니까, 나도 정리해야겠어. 여기는 공부하는 공간이니까, 공부를 해야겠어." 이번에는 반대로 작은 질서가 더 큰 질서를 만드는 경우다.

2008년, 네덜란드 호로닝언 대학의 케이스 케이저Kees Keizer 교수와 연구팀은 이 이론을 실험으로 검증했다. 연구팀은 자전거 주차장에 전단지를 부착해두고 사람들의 행동을 관찰했다. 깨끗한 환경에서는 약 30%만이 전단지를 바닥에 버렸다. 하지만 벽에 그래피티가 그려져 있는 환경에서는 70%가 전단지를 버렸다. 또 다른 실험에서는 봉투에 5유로가 보이도록 우편함에 꽂아두었다. 깨끗한 환경에서는 13%가 돈을 훔쳤지만, 주변에 쓰레기가 널려 있는 환경에서는 25%가 돈을 훔쳤다. 환경의 무질서가 실제로 비윤리적 행동을 유발한다는 것을 보여준 것이다.

환경 심리학자들은 이것을 '장소의 힘'이라고 부른다. 공간은 단순한 배경이 아니다. 공간은 우리에게 끊임없이 메시지를 보낸다. 그리고 우리는 그 메시지에 반응한다. 의식하든 안 하든.

아이의 공부방도 마찬가지다. 그 공간이 어떤 메시지를 보내는가.

“여기는 배우는 곳이다”, “여기는 집중하는 곳이다”, “여기는 성장하는 곳이다”라고 말하는가. 아니면 “여기는 어질러진 곳이다”, “여기는 아무것도 안 하는 곳이다”, “여기는 노는 곳이다”라고 말하는가.

우리가 만드는 환경이 아이의 행동을 만든다. 작은 신호 하나하나가 모여 아이의 습관을 형성한다. 이것이 환경심리학이 우리에게 가르쳐주는 첫 번째 교훈이다.

깨진 유리창 이론의 공부방 적용

너무 많은 선택은 독이다

2000년, 컬럼비아 대학의 심리학자 쉬나 아이엔거^{Sheena Iyengar}와 스탠퍼드 대학의 마크 레퍼^{Mark Lepper}는 한 슈퍼마켓에서 흥미로운 실험을 진행했다. 잼 시식 코너를 만들고는 하루는 24가지 종류의

잼을 진열했고, 다른 날은 6가지만 진열했다.

사람들의 반응은 어땠을까? 24가지 잼이 있을 때 더 많은 사람들이 멈춰 섰다. 60%가 시식 코너에 관심을 보였다. 당연하다. 선택지가 많으니 흥미로워 보인다. 하지만 실제 구매율을 보니 놀라운 결과가 나왔다. 24가지 잼이 있을 때는 단 3%의 사람만 구매했고, 반면 6가지 잼이 있을 때는 30%가 구매했다. 10배 차이였다.

왜 이런 일이 벌어진 걸까? 선택지가 너무 많으면 사람들은 결정을 내리기 어려워한다. 어떤 것이 최선인지 비교하느라 에너지를 소진하고, 결국 선택을 포기하거나 미루는 것이다. 심리학자들은 이것을 '선택 과부하'라고 부른다.

이 원리는 학습 환경에도 적용된다. 아이의 책상 위에 교과서 10권, 문제집 5권, 공책 8권, 연필 10자루, 지우개 5개, 자 3개, 색연필

선택 과부하

한 통이 있다고 상상해보자. 아이가 숙제를 하려고 책상 앞에 앉는다. 수학 문제를 풀어야 한다. 어느 공책에 써야 할까. 파란 공책? 초록 공책? 빨간 공책? 어느 연필을 쓸까. 샤프? 2B 연필? HB 연필? 이런 작은 결정들이 쌓이면서 아이는 에너지를 소진한다. 정작 수학 문제를 풀기도 전에 의사결정 피로에 빠지고 공부를 시작하기도 전에 지쳐버린다.

반대로 책상이 정리되어 있고, 필요한 것만 있다면 어떨까. 수학 문제집 하나, 수학 공책 하나, 연필 두 자루, 지우개 하나. 선택이 단순하다. 아이는 고민하지 않고 바로 시작할 수 있다. 의사결정 에너지를 학습에 쓸 수 있다.

스티브 잡스가 매일 같은 옷을 입었던 이유도 이것이다. 매일 아침 무엇을 입을지 고민하는 데 에너지를 쓰지 않기 위해서였다. 그 에너지를 더 중요한 결정에 쓰고 싶었던 것이다. 마크 저커버그도 같은 이유로 회색 티셔츠만 입는다.

우리도 아이의 학습 환경에 같은 원리를 적용할 수 있다. 선택지를 줄이는 것이다. 책상 위에는 지금 당장 필요한 것만 둔다. 나머지는 책장이나 서랍에 정리한다. 아이의 수학 시간에는 수학과 관련한 것만 책상 위에 있도록 한다. 국어 시간에는 국어 책만 둔다.

이것을 '작업대 원칙'이라고 부르자. 요리할 때 작업대를 생각해보라. 좋은 요리사는 조리대 위에 지금 사용할 재료와 도구만 놓는다. 나머지는 치워둔다. 그래야 집중할 수 있고, 효율적으로 일할 수 있다. 아이의 책상도 작업대다. 지금 하는 작업(수학 문제 풀기)에 필요한 것만 있어야 한다. 그러면 아이는 선택 과부하 없이 공부를 바로 시작할 수 있다.

환경적 신호와 습관 형성

1890년대, 러시아의 생리학자 이반 파블로프^{Ivan Pavlov}는 개를 이용한 실험으로 유명해졌다. 그는 개에게 먹이를 줄 때마다 메트로놈 소리를 들려주었다. 처음에는 개가 먹이를 보고 침을 흘렸다. 하지만 나중에 가선 메트로놈 소리만 들어도 침을 흘리기 시작했다. 먹이가 없어도 소리라는 신호만으로 조건반사가 일어난 것이다.

이것이 '고전적 조건화'다. 신호와 반응을 연결시키는 학습 과정이다. 우리 뇌는 특정 신호와 특정 행동을 자동으로 연결한다. 이 원리는 인간에게도 똑같이 작동한다. 침대를 보면 졸음이 오고, 소파를 보면 눕고 싶어진다. 냉장고를 보면 뭔가 먹고 싶어지고, TV를 보면 켜고 싶어진다. 우리가 의식하지 못하는 사이에, 뇌는 환경의 신호를 읽고 자동으로 반응한다.

그렇다면 책상은 어떤 신호를 보내는가. 만약 아이가 책상에서 늘 게임을 했다면, 책상은 '게임하는 곳'이라는 신호가 된다. 책상 앞에 앉으면 자동으로 게임 생각이 난다. 만약 아이가 책상에서 만화책을 봤다면, 책상은 '만화 보는 곳'이라는 신호가 된다. 책상 앞에 앉으면 만화책이 보고 싶어진다.

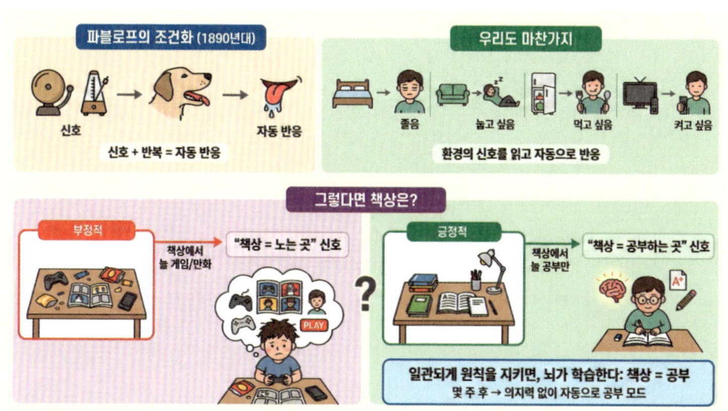

파블로프의 조건화와 책상 신호

반대로 아이가 책상에서 늘 공부만 했다면, 책상은 '공부하는 곳'이라는 신호가 된다. 책상 앞에 앉으면 자동으로 공부 모드로 들어간다. 뇌가 학습한 것이다. '책상=공부'라고.

이것을 심리학에서는 '맥락 의존 기억'이라고 부른다. 특정 맥락(환경)에서 학습한 것은 같은 맥락에서 더 잘 떠오른다. 반대로 다른 맥락에서는 잘 떠오르지 않는다.

한 연구에서 다이버들에게 물속과 물 밖에서 각각 단어를 외우게 했다. 그리고 나중에 테스트했다. 물속에서 외운 단어는 물속에서 테스트할 때 더 잘 기억했다. 물 밖에서 외운 단어는 물 밖에서 테스트할 때 더 잘 기억했다. 환경이 기억을 도왔던 것이다.

이것이 우리에게 주는 교훈은 명확하다. 아이의 책상을 '공부 전용 공간'으로 만들어야 한다는 것이다. 책상에서는 공부만 한다. 게임, 만화, 유튜브, 간식. 이런 것들은 다른 곳에서 한다. 그러면 책상이 '공부'라는 신호로 강화된다.

처음에는 어려울 수 있다. 아이가 책상에서 게임하고 싶어할 수 있다. 하지만 일관되게 원칙을 지키면, 서서히 뇌가 학습한다. '책상= 공부'라고. 몇 주가 지나면, 아이는 책상 앞에 앉기만 해도 자동으로 공부 모드로 들어간다. 의지와 무관하게 습관이 되는 것이다.

아이에게 선택권을 주라

1970년대, 심리학자 에드워드 데시^{Edward Deci}와 리처드 라이언 ^{Richard Ryan}은 '자기결정이론'을 제시했다. 이 이론에 따르면, 인간에게 는 세 가지 기본 심리 욕구가 있다. 자율성^{autonomy}, 유능성^{competence,} 관 계성^{relatedness}이다. 이 중 자율성이 특히 중요하다. 누가 시켜서 하는 게 아니라, 내가 원해서 한다는 것이다.

연구 결과는 일관된다. 자율성이 충족될 때 사람들은 더 동기부 여가 되고, 더 오래 지속하며, 더 높은 성과를 낸다. 반대로 자율성이 침해될 때 동기는 떨어지고, 저항이 생기며, 성과도 낮아진다.

이것은 아이들에게도 똑같이 적용된다. 실제로 많은 연구가 이것 을 증명했다. 한 연구에서 초등학생들에게 그림 그리기를 시켰다. 한 그룹에게는 "빨간색으로 그려야 해"라고 지시하고, 다른 그룹에게는 "빨간색이나 파란색 중에 고르면 돼"라고 선택권을 주었다. 결과는 어땠을까? 선택권이 있던 그룹이 더 창의적인 그림을 그렸고, 더 오 래 집중했으며, 더 즐거워했다.

그렇다면 이를 공부방에 어떻게 적용할 수 있을까? 아이에게 선택권을 주는 것이다.

"네 책상을 어디에 놓고 싶어? 창문 쪽? 아니면 벽 쪽?"

"책장 색깔을 골라볼까? 하얀색이 좋아, 나무색이 좋아?"

"공부할 때 어떤 조명이 편해? 밝은 거? 아니면 좀 은은한 거?"

"의자는 이 두 개 중에 어느 게 더 편할 것 같아?"

이런 작은 선택들이다. 하지만 이 작은 선택들이 모여 큰 차이를 만든다. 아이는 자신이 선택했기 때문에 그 공간에 대해 주인의식을 갖는다. '이건 부모가 만들어준 공부방'이 아니라 '이건 내가 선택한 나의 공부방'이 된다.

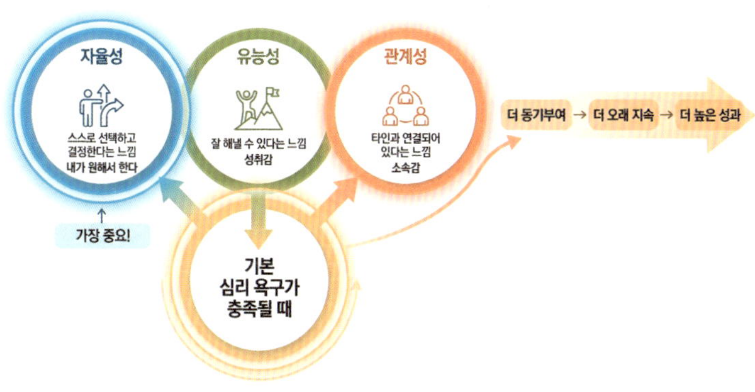

자기결정이론

색이 집중력에 미치는 영향

1947년, 스위스의 심리학자 막스 뤼셔Max Luscher는 색채가 인간의 심리와 행동에 미치는 영향을 연구했다. 그는 수천 명을 대상으로 색채 선호도 검사를 진행했고, 색깔과 심리 상태 사이의 관계를 발견했다. 색깔이 감정, 생리적 반응, 심지어 인지 능력에까지 영향을 미친다는 것이다. 그 이후로 수많은 연구가 진행되었고, 색채 심리학은 하나의 학문 분야가 되었다. 그리고 우리는 이제 안다. 색이 단순한 시각적 요소가 아니라는 것을. 색은 뇌를 자극하고, 호르몬 분비에 영향을 주며, 행동을 바꾼다.

파란색은 진정 효과가 있다. 심장 박동을 늦추고, 혈압을 낮추며, 스트레스 호르몬을 줄인다. 그래서 파란색 환경에서는 차분하게 집중하기 좋다. 독서나 암기처럼 오래 집중해야 하는 작업에 적합하다. 초록색은 눈의 피로를 줄인다. 자연을 연상시키기 때문에 심리적 안정감도 준다. 장시간 공부해야 할 때, 초록색 요소가 있으면 피로도가 낮아진다. 노란색은 주의를 끌고 기분을 밝게 한다. 하지만 너무 강하면 불안감을 줄 수 있다. 포인트로 사용하면 좋지만, 방 전체를 노란색으로 칠하는 것은 권하지 않는다. 빨간색은 각성 효과가 있다. 심장 박동을 빠르게 하고, 에너지를 높인다. 단시간에 집중력을 높이는 데는 좋지만, 장시간 노출되면 피로해진다. 공부방에는 적합하지 않다.

그렇다면 공부방에 어떤 색을 사용해야 할까. 첫째, 기본 톤은 차분한 색으로 한다. 흰색, 연한 파란색, 연한 초록색, 베이지색. 이런 색들이 배경이 되어야 한다. 둘째, 자극적인 색은 포인트로만 사용한다. 책상 위의 연필꽂이, 책장의 일부, 작은 소품 정도. 셋째, 너무 어둡거나 너무 밝지 않게 한다. 어두우면 우울해지고, 너무 밝으면 피로해진다. 넷째, 아이의 의견을 듣는다. 색에 대한 선호는 개인차가 크다. 어떤 아이는 파란색을 좋아하고, 어떤 아이는 초록색을 좋아한다. 원칙 안에서 아이가 선택하게 한다.

색은 환경의 중요한 요소다. 우리가 의식하지 못하는 사이에 색은 우리 뇌에 영향을 미친다. 적절한 색을 선택하면, 아이의 집중력과 학습 효율을 높일 수 있다.

우리는 관찰하며 배운다

1961년, 스탠퍼드 대학의 심리학자 알버트 반두라Albert Bandura는 '보보 인형 실험'이라는 유명한 실험을 진행했다. 그는 어린아이들을 세 그룹으로 나누었다. 첫 번째 그룹은 어른이 보보 인형(큰 오뚝이 인형)을 때리는 것을 보게 했고, 두 번째 그룹은 어른이 보보 인형과 조용히 노는 것을 보게 했으며 세 번째 그룹에는 아무것도 보여주지 않았다. 그 후 아이들을 보보 인형이 있는 방에 각각 혼자 두었다. 결과는 놀라웠다. 첫 번째 그룹의 아이들은 어른이 했던 것처럼 보보 인형을 때렸다. 심지어 어른이 사용했던 것과 똑같은 방법으로. 두 번째와 세 번째 그룹의 아이들은 인형을 때리지 않았다. 이 실험은 '사회적 학습 이론'의 토대가 되었다. 반두라는 이렇게 말했다.

"우리는 직접 경험하지 않아도 배운다. 다른 사람을 관찰하는 것만으로도 배운다."

아이들은 끊임없이 관찰한다. 부모를 관찰하고, 형제자매를 관찰하며, 주변 사람들을 관찰한다. 그리고 그들의 행동을 모방한다. 의식적으로든 무의식적으로든.

이것이 공부방과 무슨 관계가 있을까. 관계가 크다. 만약 부모가 늘 핸드폰만 보고 있다면, 아이도 핸드폰을 본다. 만약 부모가 책을 읽는다면, 아이도 책을 읽는다. 만약 부모가 정리정돈을 한다면, 아이도 정리정돈을 한다. 말이 아니라 행동이 가르친다.

특히 거실에서 학습을 할 때 이것이 중요하다. 아이가 거실에서 공부할 때, 부모가 TV를 본다면 어떨까. 아이는 공부에 집중하지 못한다. TV 소리도 방해가 되지만, 더 큰 문제는 심리적인 것이다. '나는 공부하는데 부모는 놀고 있네.' 이런 생각이 들면 동기가 떨어진다.

반대로 아이가 거실에서 공부할 때, 부모도 책을 읽거나 일을 한

일본의 '거실 학습'

다면 어떨까. 아이는 자연스럽게 집중한다. 부모의 행동이 모델이 된다. '우리 모두 자기 일을 하고 있구나.' 이런 분위기가 만들어진다.

일본에서 '거실 학습'이 효과적인 이유 중 하나가 이것이다. 일본 부모들은 아이가 거실에서 공부할 때 자신도 함께 무언가를 한다. 책을 읽거나, 서류를 정리하거나, 계획을 세우거나. 놀지 않는다. 함께 집중하는 시간을 만든다.

공간의 정체성

미국의 환경 심리학자 로저 바커 Roger Barker는 '행동 세팅'이라는 개념을 제안했다. 행동 세팅이란 특정 장소에서 일어나는 전형적인 행동 패턴이다. 예를 들어 교회는 기도하는 곳, 도서관은 조용히 공부하는 곳, 놀이터는 뛰어노는 곳이다. 장소마다 고유한 행동 세팅이 있다.

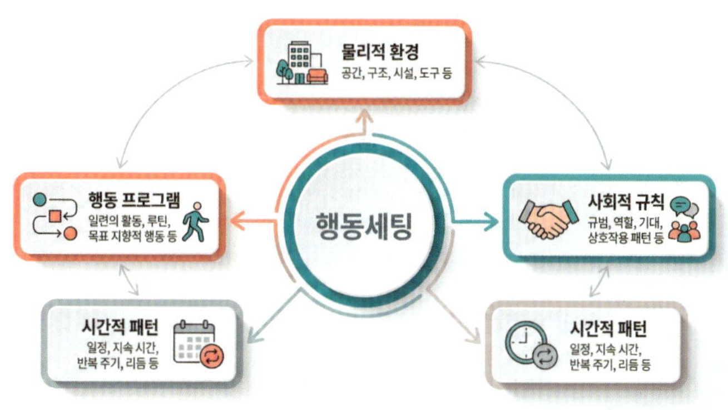

로저 바커의 행동 세팅

중요한 것은, 사람들이 이 행동 세팅을 자동으로 인식하고 따른다는 것이다. 교회에 들어가면 자동으로 조용해진다. 도서관에 들어가면 자동으로 목소리를 낮춘다. 놀이터에 가면 자동으로 활기차진다. 의식하지 않아도 그렇게 된다.

왜 그럴까. 우리 뇌는 장소와 행동을 연결 짓기 때문이다. 수백 번, 수천 번 반복된 경험이 뇌에 학습된다. '이 장소에서는 이렇게 행동한다'라고. 그래서 그 장소에 가기만 해도 자동으로 그 모드로 들어간다.

이것이 공부방에 주는 교훈은 명확하다. 공부방의 정체성을 명확히 해야 한다는 것이다. 이곳은 무엇을 하는 곳인가. 공부하는 곳인가, 노는 곳인가, 자는 곳인가.

많은 아이들의 방은 정체성이 혼란스럽다. 한쪽 구석에는 책상이 있고, 다른 구석에는 게임기가 있으며, 중앙에는 침대가 있고, 벽에는 포스터가 가득하다. 이 방은 공부하는 곳인가, 노는 곳인가, 자는 곳인가. 명확하지 않다.

공간의 정체성

정체성이 혼란스러우면 행동도 혼란스럽게 된다. 아이는 방에 들어가서 무엇을 해야 할지 모른다. 공부를 해야 하나, 게임을 해야 하나, 누워야 하나. 선택이 명확하지 않으니 의지력을 쓴다. 그리고 의지력이 약하면 쉬운 선택(게임, 휴식)을 한다.

반대로 정체성이 명확하면 어떨까. 방에 들어가자마자 아이는 안다. '여기는 공부하는 곳이다'라고. 다른 선택지가 없다. 게임기도 없고, TV도 없으며, 침대도 없다(또는 명확히 분리되어 있다). 책상과 책장만 있다. 메시지가 명확하다. '이곳에서는 공부한다.'

그렇다면 어떻게 공부방의 정체성을 명확히 할 수 있을까.

첫째, 기능별로 공간을 분리한다. 공부하는 영역, 자는 영역, 노는 영역을 나눈다. 가능하면 물리적으로 분리한다. 불가능하면 시각적으로라도 분리한다. 책장이나 커튼으로.

둘째, 각 영역에는 그 기능에 맞는 것만 둔다. 공부 영역에는 책상, 책장, 학용품만 두고 게임, 장난감, 만화책은 다른 곳에 둔다.

셋째, 공부 시간에는 공부 영역에서만 한다. 침대에 앉아서 공부하지 않고, 바닥에 누워서 책 읽지 않는다. 책상에서만 공부한다. 일관성이 중요하다.

넷째, 공부가 끝나면 공부 영역을 떠난다. 계속 책상 앞에 앉아서 게임하거나 쉬지 않는다. 일과 휴식을 분리한다.

이렇게 하면 뇌는 학습한다. '책상=공부'라고. 몇 주가 지나면 아이는 책상 앞에 앉기만 해도 자동으로 공부 모드로 들어간다.

지금까지 우리는 여러 심리학 이론들을 살펴봤다. 환경심리학, 선택의 역설, 조건화, 자기결정이론, 인지 부하, 색채 심리학, 사회적 학습 이론, 행동 세팅. 이 모든 이론들이 하나의 진리를 가리킨다. 환경이 행동을 만든다는 것!

우리는 너무 오랫동안 개인의 의지와 능력에만 집중했다. '아이가 의지가 약해서', '아이가 집중력이 없어서', '아이가 게을러서.' 하지만 심리학은 다르게 말한다. 의지나 능력이 문제가 아니라 환경이 문제일 수 있다고.

좋은 환경이란 무엇인가. 심리학적 관점에서 보면 이렇다.

첫째, 질서가 있는 환경이다. 깨진 유리창이 없는 환경. 작은 무질서가 큰 무질서를 불러오지 않도록, 항상 정돈을 유지하는 환경.

둘째, 선택이 단순한 환경이다. 선택 과부하가 없는 환경. 지금 필요한 것만 있고, 나머지는 정리되어 있는 환경.

셋째, 명확한 신호가 있는 환경이다. "이곳은 공부하는 곳"이라는 신호가 분명한 환경. 행동 세팅이 명확한 환경.

넷째, 자율성이 존중되는 환경이다. 아이가 선택하고 참여한 환경. 주인의식을 가질 수 있는 환경.

다섯째, 인지 부하가 낮은 환경이다. 불필요한 시각적 자극이 없는 환경. 뇌가 학습에 집중할 수 있는 환경.

여섯째, 적절한 색채가 있는 환경이다. 자극적이지 않으면서도 활력을 주는 색이 있는 환경.

일곱째, 긍정적 모델이 있는 환경이다. 부모와 형제자매가 함께 배우고 성장하는 환경.

여덟째, 정체성이 명확한 환경이다. 각 공간의 기능이 분명하고, 일관되게 사용되는 환경.

이 모든 요소들이 모였을 때, 비로소 최적의 학습 환경이 만들어진다.

심리학이 말하는 최적의 학습 환경

3장

학습 습관과
환경의 상호작용

왜 어떤 아이는 책상 앞에 앉기만 하면 공부를 시작할까?

초등학교 4학년 서준이 엄마는 늘 궁금했다. 같은 반 친구 민재는 학원에서 돌아오면 곧바로 책상 앞에 앉아 숙제를 한다고 했다. 부모가 "숙제해!"라고 말하지 않아도 알아서 한다고 했다. 반면 서준이는 집에 오면 일단 소파에 눕는다. 핸드폰을 본다. "숙제해!"라고 말하면 "조금만 더"라고 한다. 결국 엄마와 실랑이 끝에 억지로 책상 앞에 앉는다.

서준이 엄마는 이렇게 생각했다.

'민재는 자기주도성이 강한 아이이고, 우리 서준이는 의지가 약한

아이야.'

많은 부모들이 이렇게 생각한다. 공부를 잘하는 아이는 의지가 강하고, 공부를 안 하는 아이는 의지가 약하다고. 하지만 앞서 살펴봤듯이, 이것은 절반만 맞는 이야기다. 우리 일상 행동의 절반은 습관적으로 행해진다. 매일 아침 일어나서 화장실 가고, 세수하고, 양치하는 행동, 이것을 할 때 '오늘은 세수를 해야 하나 말아야 하나' 고민하지 않는 것도 습관이 됐기 때문이다.

그렇다면 민재가 학원에서 돌아와 곧바로 숙제를 하는 것은 정말 의지가 강해서일까. 아니면 그것이 습관으로 자리 잡혀서일까. 대부분은 후자다. 민재의 뇌는 학습했다. '집에 오면 → 책상 앞에 앉는다 → 숙제를 한다'라고. 이것이 수백 번 반복되면서 자동화되었다. 더 이상 의지력이 필요 없다. 집에 오는 것이 신호가 되고, 몸이 자동으로 반응한다.

찰스 두히그Charles Duhigg는 《습관의 힘The Power of Habit》에서 습관의 세 가지 요소를 설명한다. 신호cue, 반복 행동routine, 보상reward이다. 신호가 오면 반복 행동을 하고, 그 결과로 보상을 받는다. 이 루프가 계속되면 습관이 된다. 매일 아침 커피를 마시는 습관을 생각해보라. 아침에 일어나는 것(신호)이 있으면, 자동으로 부엌으로 가서 커피를 내리고(반복 행동), 카페인의 각성 효과를 느낀다(보상). 몇 주가 지나면 생각하지 않아도 몸이 움직인다.

공부 습관도 같다. 집에 돌아오기(신호) → 책상 앞에 앉기(반복 행동) → 숙제 완료의 뿌듯함(보상). 이 루프가 반복되면 습관이 된다.

그러면 집에 돌아오기만 해도 자동으로 책상으로 향한다. 의지력을 쓰지 않아도 된다.

서준이에게 부족한 것은 의지가 아니다. 습관 루프가 없는 것이다. 집에 돌아오는 신호가 소파로 가는 행동과 연결되어 있다. 이것이 반복되면서 나쁜 습관이 형성되었다. 좋은 습관을 만들려면 새로운 루프를 설계해야 한다. 그리고 그 루프를 반복해야 한다. 핵심은 이것이다. 의지력으로 매일 싸우지 말고, 습관 시스템을 만들어라. 환경을 설계해서 좋은 행동이 자동으로 일어나게 만들어라.

습관 루프

환경이 만드는 신호

서준이네 집을 방문했을 때 나는 가장 먼저 현관에서 거실로 이어지는 동선을 관찰했다. 현관문을 열고 들어오면 바로 보이는 것이 커다란 소파였다. 푹신하고 편안해 보였다. 서준이의 시선이 자연스럽게 그곳으로 향했다. 몸도 따라갔다. 가방을 던지고 소파에 누웠다.

책상은 어디 있었을까. 서준이 방 안쪽, 문을 열어야 보이는 곳이었다. 현관에서는 보이지도 않았다. 서준이가 집에 와서 책상을 보려면 의식적으로 방문을 열고 들어가야 했다. 추가적인 행동이 필요했다. 반면 소파는 그냥 보였다. 자동으로 보였다. 이것이 문제의 핵심이었다. 환경이 잘못된 신호를 보내고 있었던 것이다. 집에 들어오면 "쉬라"는 신호가 먼저 왔다. "공부하라"는 신호는 한참 뒤, 방 안쪽 어딘가에 숨어 있었다.

우리는 간단한 변화를 시도했다. 현관과 거실 사이에 작은 테이블을 하나 놓았다. 그리고 그 위에 서준이의 학용품 수납함을 배치했

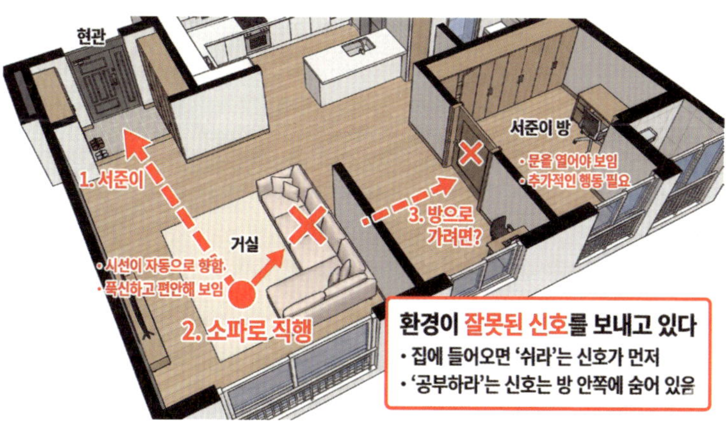

서준이네 집 동선 분석 – Before

다. 가방을 내려놓을 공간도 만들었다. 오늘 할 일 체크리스트도 벽
에 붙였다. 그리고 간단한 간식을 준비해두었다.

서준이가 집에 돌아왔다. 현관문을 열었는데 이번에는 소파가 아
니라 테이블이 먼저 보였다. 서준이는 자연스럽게 그곳에 가방을 내
려놓았다. 체크리스트를 보았다. "아, 오늘 수학 숙제 있구나." 간식을
집어 먹으면서 책을 꺼냈다. 그리고 책상으로 향했다.

첫날은 엄마가 유도했다. "여기 간식 먹으면서 가방 정리하자." 둘
째 날도 엄마가 도왔다. "오늘은 뭐 해야 하지? 체크리스트 볼까?" 하
지만 일주일이 지나자 서준이가 혼자 했다. 테이블에 멈추고, 체크리
스트를 보고, 책상으로 가는 것이 자연스러워졌다. 신호가 바뀌었기
때문이다.

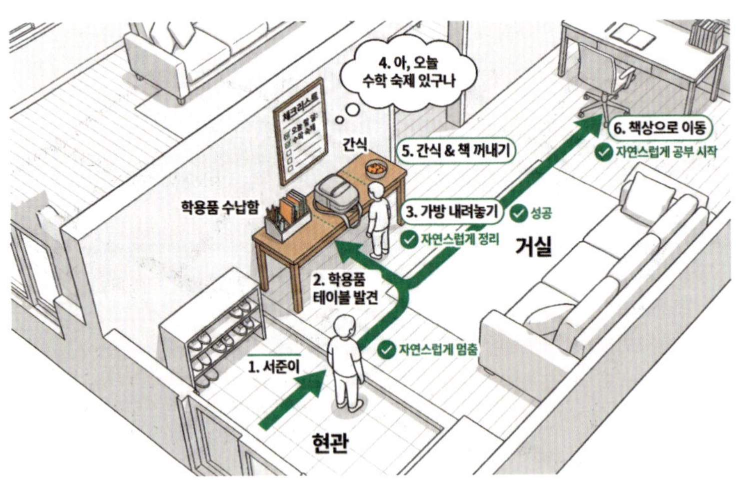

서준이네 집 동선 분석 – After

환경 심리학에서는 이것을 맥락 단서contextual cue라고 부른다. 우리 주변의 시각적 요소들이 끊임없이 뇌에 신호를 보낸다. 소파를 보면 "쉬라"는 신호가 오고, 책상을 보면 "일하라"는 신호가 온다. TV를 보면 "보라"는 신호가 오고, 책을 보면 "읽으라"는 신호가 온다. 의식하든 안 하든, 이 신호들이 우리 행동에 영향을 미친다.

좋은 습관을 만들고 싶다면, 그 습관을 촉발하는 신호를 환경에 배치해야 한다. 독서 습관을 만들고 싶다면 책을 보이는 곳에 놓는다. 침대 옆 테이블에, 거실 소파에, 식탁 한쪽에. 아이가 자주 가는 곳마다 책을 둔다. 그러면 아이는 계속 책을 보게 된다. 그 시각적 신호가 '책 읽기'를 촉발한다.

그리고 나쁜 습관을 줄이고 싶다면, 그 신호를 제거해야 한다. 텍사스대학교 애드리언 워드Adrian Ward 교수팀의 2017년 연구에 따르면, 핸드폰이 시야에 있는 것만으로도 인지 능력이 저하되며, 다른

습관의 차이

방에 두기만 해도 사용 시간이 30퍼센트 감소했다. 보이지 않으면 생각나지 않기 때문이다.

쉬운 것은 하고, 어려운 것은 안 한다

환경 설계의 또 다른 핵심 원리는 '마찰'이다. 앞서 설명했듯, 어떤 행동을 하기까지의 장벽인 마찰이 크면 행동하기 어렵고, 마찰이 적으면 행동하기 쉽다. 인간은 본능적으로 마찰이 적은 쪽을 선택한다. 뇌가 에너지를 아끼려고 하기 때문이다.

중학교 2학년 지우의 경우를 보자. 지우는 수학을 싫어했다. 특히 문제집을 펴는 것 자체가 스트레스였다. 두꺼운 문제집이 책장 깊숙이 꽂혀 있었다. 꺼내려면 다른 책들을 먼저 빼야 했다. 꺼내고 나면 어느 페이지를 풀어야 할지 찾아야 했다. 페이지를 찾으면 문제를 읽어야 했다. 그 과정이 모두 귀찮았다. 반면 핸드폰은 책상 위에 그냥 놓여 있었다. 손만 뻗으면 닿았다. 화면을 켜는 것도 한 번의 터치, 유튜브 앱을 여는 것도 한 번의 터치였다. 지우는 당연히 쉬운 쪽을 선택했다.

하버드 긍정심리학자 션 애커Shawn Achor 는 《행복의 특권The Happiness Advantage》에서 '20초 규칙'을 제안한다. 어떤 행동을 하는 데 20초 이상의 추가 시간이 걸리면, 사람들은 그 행동을 하지 않을 가능성이 크게 높아진다는 것이다. 반대로 시작하는 데 걸리는 시간을 20초만 줄여도 그 행동을 할 가능성이 크게 높아진다. 애커 자신도 기타 연습 습관을 만들기 위해 기타를 옷장에서 꺼내 거실 한가운데 두었더니 21일 연속으로 연습에 성공했다고 한다.

우리는 지우의 공부 환경을 재설계했다. 먼저 오늘 풀 문제집 페이지에 포스트잇을 붙였다. 문제집을 펼쳐서 그 페이지가 보이게 책상 위에 놓았다. '꺼내기 → 페이지 찾기 → 펼치기'의 단계를 모두 생략했다. 그냥 보였다. 마찰이 사라졌다. 핸드폰은 서랍 안에 넣었다. 꺼내려면 서랍을 열고, 충전 케이블을 빼고, 화면을 켜야 했다. 세 단계의 마찰을 추가했다.

변화는 놀라웠다. 첫째 날, 지우는 책상 앞에 앉았다. 눈앞에 문제가 보였다. '어? 이거 풀어야 하는 거구나.' 핸드폰을 보려고 손을 뻗었지만 없었다. '아, 서랍에 있지.' 서랍을 열까 말까 고민했다. 귀찮았다. 그냥 눈앞의 문제를 풀기 시작했다. 셋째 날, 지우는 숙제를 시작하는 시간이 5분 빨라졌다. 일주일 후, 핸드폰을 꺼내는 횟수가 절반으로 줄었고, 한 달 후에는 수학 문제를 푸는 것이 일상이 되었다.

마찰의 차이는 단 몇 초에 불과하다. 하지만 그 몇 초가 행동을 바꾼다. 공부를 시작하는 마찰을 줄이고 싶다면, 책상 위를 정리해서

지우의 환경 재설계 – Before/After

앉자마자 시작할 수 있게 만들어라. 오늘 할 공부를 미리 펼쳐놓아라. 필요한 학용품을 손 닿는 곳에 배치하라.

보상이 습관을 만든다

습관 루프의 세 번째 요소는 보상이다. 신호가 있고, 반복 행동이 있으면, 보상이 있어야 한다. 보상이 없으면 뇌는 그 행동을 다시 하고 싶어하지 않는다. 보상이 있으면 뇌는 그 행동을 반복하고 싶어한다.

보상에는 외적 보상과 내적 보상이 있다. 외적 보상은 칭찬, 선물, 용돈 같은 것이다. 효과가 있지만 오래가지 않는다. 처음에는 기쁘지만 점점 익숙해지고, 더 큰 보상을 원하게 되며, 보상이 없으면 동기가 사라진다. 내적 보상은 스스로 느끼는 뿌듯함, 성취감, 배움의 즐거움이다. 다른 사람이 주지 않아도 스스로 느끼기 때문에 지속 가능하다. 로체스터대학교의 에드워드 데시와 리처드 라이언이 제시한 '자기결정이론'에 따르면, 내적 동기로 학습하는 학생이 외적 보상에

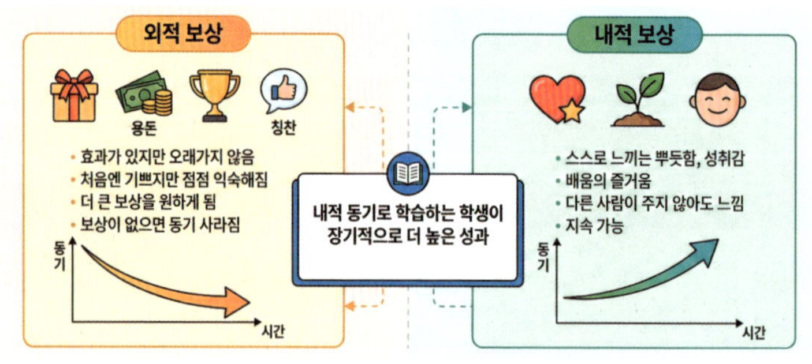

보상과 습관 – 외적 vs 내적 보상

의존하는 학생보다 장기적으로 더 높은 성과를 내고, 더 깊이 있는 학습을 한다.

내적 보상을 만드는 핵심은 작은 성공을 누적시키는 것이다. 달성 가능한 목표를 설정하고, 그것을 성공하게 만들고, 성공 경험을 쌓게 하는 것이다. 하루에 영어 단어 50개를 외우라고 하면 대부분 실패한다. 좌절하게 되고 다음에는 더 하기 싫어진다. 악순환이다. 하지만 5개로 시작하면 성공한다. '다 외웠어!' 하며 뿌듯해하고, 내일도 하고 싶어진다. 일주일이 지나면 '열 개도 할 수 있을 것 같아'라고 스스로 목표를 높인다.

환경은 여기서도 역할을 한다. 성공을 시각화하는 환경을 만들어야 한다. 공부방 벽에 '미션 완료' 차트를 붙인다. 하나를 완료할 때마다 스티커를 붙인다. 스티커가 쌓여가는 것을 보면 뿌듯함을 느낀다. '내가 이만큼 했구나.' 이것이 내적 보상이 된다. 또는 '성장 일기'를 쓰게 한다. 오늘 새로 배운 것, 어제보다 나아진 것을 기록하는 것이다. 자신의 성장을 눈으로 확인하는 것, 이것이 가장 강력한 내적 보상이다.

루틴의 힘

지금까지 살펴본 신호, 마찰, 보상은 모두 루틴을 통해 하나로 연결된다. 매일 같은 시간, 같은 장소에서 같은 행동을 반복하면 그것이 자동화된다. 더 이상 '해야 하나 말아야 하나'를 고민하지 않는다. 시간이 되면 자동으로 한다.

공부 시간이 들쑥날쑥한 아이들이 있다. 어떤 날은 저녁 7시에 시작하고, 어떤 날은 9시에 시작한다. 어떤 날은 자기 방에서, 어떤 날은 거실에서 한다. 매일 달라진다. 그리고 매일 공부를 시작하기가 힘들다. '지금 해야 하나, 나중에 해야 하나'를 고민하면서 의지력을 소모한다.

이때 루틴을 만들면 달라진다. '저녁 8시, 내 방 책상' 이렇게 정한다. 처음 며칠은 알람을 맞춘다. 8시가 되면 알람이 울린다. 알람이 신호가 된다. 그러면 자동으로 책상으로 간다. 일주일이 지나면 알람 없이도 8시가 되면 몸이 움직인다. 그리고 한 달이 지나면 완전히 자동화된다. 고민할 필요가 없이 습관이 된다.

운동선수들을 보라. 매일 같은 시간에 훈련한다. 프로 작가들도 매일 같은 시간에 글을 쓴다. 그들은 의지력으로 매일 새로운 결정을 내리지 않는다. 정해진 시간에 정해진 일을 할 뿐이다. 그래서 꾸준할 수 있다.

환경은 루틴을 강화한다. 예를 들어 저녁 7시에 책상의 스탠드가 자동으로 켜지게 타이머를 설정한다. 아이가 어디 있든, 7시가 되면 자기 방에서 불이 켜진다. 이것이 신호가 된다. 아이는 '아, 공부 시간이다' 하고 자연스럽게 책상으로 향하게 된다.

좋은 학습 습관은 하루아침에 만들어지지 않는다. 시스템이 필요하다. 환경을 설계하고, 신호를 배치하고, 마찰을 조절하고, 루틴을 만들고, 작은 성공을 누적시키는 시스템이다.

좋은 환경이 좋은 신호를 보내고, 좋은 신호가 좋은 행동을 촉발하고, 좋은 행동이 좋은 결과를 만들고, 좋은 결과가 내적 동기를 키우고, 내적 동기가 다시 좋은 행동을 강화한다. 이것이 선순환이다.

환경과 습관의 선순환 vs 악순환

반대로 나쁜 환경은 악순환을 만든다. 어질러진 책상, 보이는 핸드폰, 불규칙한 시간, 억지로 하는 공부, 실패 경험의 누적. 이것들이 모여 나쁜 습관을 만들고, 나쁜 습관이 나쁜 결과를 만들고, 나쁜 결과가 동기를 떨어뜨린다. 이것이 악순환이다.

선택은 우리 몫이다. 선순환의 환경을 만들 것인가, 악순환의 환경을 만들 것인가. 아이의 의지를 탓하기 전에, 환경을 먼저 점검해보라. 환경을 바꾸면 습관이 바뀐다. 습관이 바뀌면 삶이 바뀐다. 그리고 그 시작은 작은 환경 변화에서 시작된다.

4장

최적의
학습 환경 조건

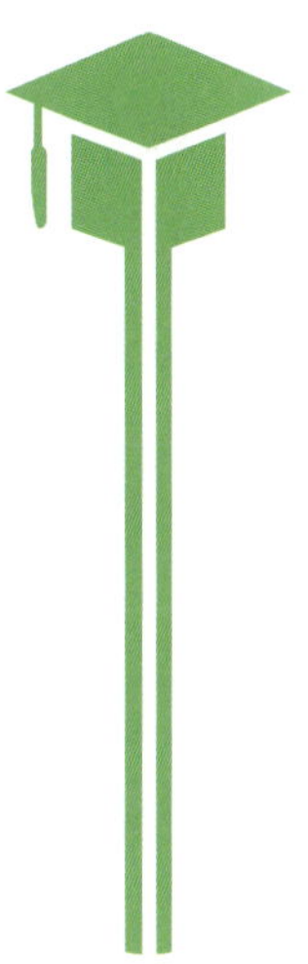

보이지 않는 적들

많은 부모들이 공부방을 꾸밀 때 눈에 보이는 것들에 집중한다. 책상은 어떤 걸 살까, 의자는 어떤 게 좋을까, 책장은 어디에 놓을까. 물론 이것들도 중요하다. 하지만 더 중요한 것이 있다. 눈에 보이지 않는 것들이다. 온도, 공기, 빛, 소음. 이 네 가지가 집중력을 좌우한다.

흥미로운 사실이 있다. 북향 방이 남향 방보다 공부에 더 좋을 수 있다는 건데, 이는 우리가 아는 상식과 좀 다르다. 집을 구할 때 남향을 선호하는 이유는 햇볕이 잘 들기 때문이다. 따뜻하고 밝으니까. 하지만 공부방에는 그것이 오히려 단점이 될 수 있다. 왜일까?

보이지 않는 네 가지 적

온도의 비밀

인간의 뇌는 온도에 민감하다. 너무 더우면 나른해진다. 혈관이 확장되고, 심장 박동이 느려지며, 각성 수준이 떨어진다. 졸음이 온다. 반대로 너무 추우면 불안정해진다. 몸이 떨리고, 추위에 신경 쓰느라 공부에 집중할 수 없다.

2023년 발표된 체계적 문헌 검토 연구에 따르면, 최적의 인지 기능 수행 온도는 섭씨 22도에서 24도 사이다. 이 범위에서 뇌의 인지 기능이 가장 잘 작동한다. 24도를 넘으면 반응 속도와 처리 속도가 떨어지기 시작한다. 22도보다 낮으면 집중력이 흐트러진다. 단 2도 차이지만, 학습 효율에는 큰 영향을 미친다.

그런데 더 중요한 것이 있다. 온도의 안정성이다. 온도가 계속 오

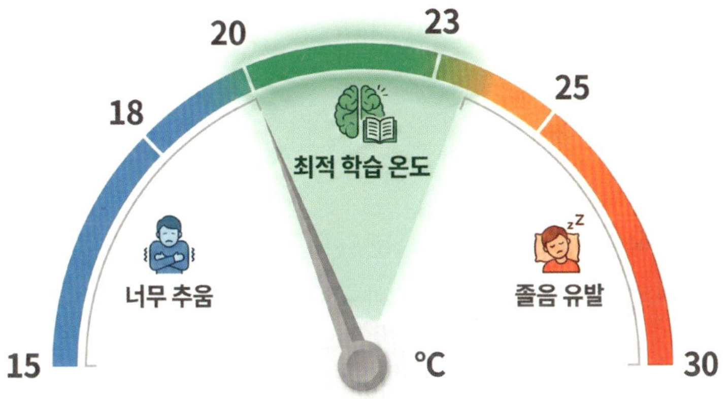

최적의 학습 온도

르락내리락하면 뇌는 그것에 적응하느라 에너지를 쓴다. 더워졌다가 추워졌다가 하면 뇌는 계속 온도 변화에 반응하면서, 공부에 쓸 에너지를 온도 조절에 쓰는 것이다.

그래서 북향 방이 유리한 경우가 많다. 북향은 하루 종일 온도가 안정적이다. 해가 직접 들지 않아서 급격히 더워지지 않는다. 밤에도 급격히 추워지지 않는다. 일정하기 때문에 뇌가 온도 걱정 없이 학습에 집중할 수 있다.

실용적인 지침은 이렇다. 여름에는 25~26도를 목표로 냉방한다. 겨울에는 22도 전후를 목표로 난방한다. 그리고 이 온도를 하루 종일 유지한다. 오르락내리락하지 않게 하는 것이다.

공기질의 숨은 영향

우리는 공기를 의식하지 못한다. 당연히 있는 것이니까. 하지만 공기질은 집중력에 엄청난 영향을 미친다. 특히 이산화탄소 농도가 중요하다.

사람이 숨을 쉬면 산소를 들이마시고 이산화탄소를 내뱉는다. 밀폐된 공간에서 오래 있으면 이산화탄소가 쌓인다. 하버드 T. H. 챈 보건대학원의 조셉 앨런Joseph Allen 교수 연구팀이 2016년에 발표한 연구가 이 문제를 명확히 보여준다. 연구팀은 이산화탄소 농도를 550ppm, 945ppm, 1400ppm으로 조절한 환경에서 사람들의 인지 능력을 측정했다. 결과는 놀라웠다. 이산화탄소 농도가 945ppm으로 올라가자 인지 기능 점수가 평균 15퍼센트 하락했고 1400ppm에서는 50퍼센트나 하락한 것이다.

문제는 우리가 이것을 잘 느끼지 못한다는 것이다. 서서히 올라가기 때문이다. 아이는 "졸려"라고만 말한다. 부모는 '어제 늦잠 자서 그렇지'라고 생각한다. 하지만 실제로는 이산화탄소 때문일 수 있다.

해결책은 간단하다. 환기다. 한 시간에서 두 시간마다 5분씩 창문을 연다. 그러면 신선한 공기가 들어오고 이산화탄소가 나간다. 겨울에는 춥다고 창문을 안 여는 경우가 많은데, 그러면 안 된다. 추워도 5분씩은 꼭 환기한다. 그리고 다시 난방한다.

미세먼지가 심한 날은 어떻게 할까. 공기청정기를 틀어놓고 창문을 조금만 연다. 완전히 열지 않고 5cm 정도만 연다. 공기는 순환되고, 미세먼지는 공기청정기가 걸러준다.

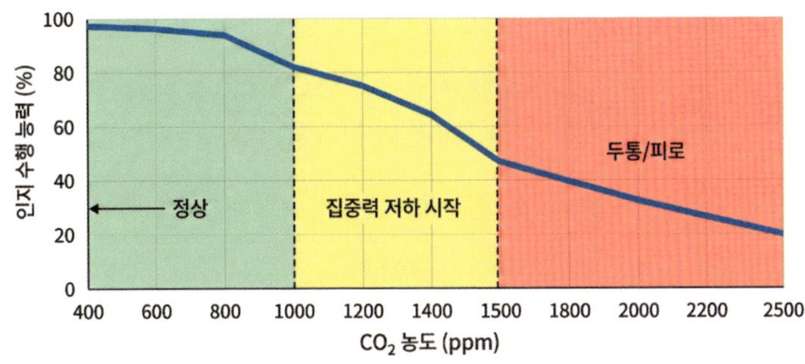

이산화탄소 농도와 집중력 관계

식물도 도움이 된다. 산세베리아, 스투키, 테이블야자 같은 공기정화 식물을 책상 근처에 둔다. 이산화탄소를 흡수하고 산소를 내뱉는다. 습도 조절에도 도움이 된다. 보기에도 좋아서 심리적 안정감도 준다.

조명의 과학

남향 방의 또 다른 문제는 조명이다. 오후가 되면 햇빛이 책상에 직접 들어와 눈부시다. 커튼을 치면 방 전체가 어두워진다. 다시 스탠드를 켜면 주변은 어둡고 책상만 밝다. 명암 대비가 심하다. 눈이 계속 밝기를 조절해야 하므로 금방 피곤해진다.

좋은 조명의 조건은 세 가지다.

첫째, 충분한 밝기. 책상 위 기준으로 300에서 500럭스가 적당하다. 이것은 국제조명위원회[CIE]와 조명학회[IES]에서 권장한 기준이다. 300럭스 미만이면 눈이 피로하다. 500럭스를 넘으면 너무 밝아서 오히려 눈부시다.

둘째, 고른 밝기. 책상만 밝고 주변이 어두우면 안 된다. 눈이 계속 밝기를 조절하느라 피로해진다. 천장등으로 방 전체를 밝히고, 스탠드로 책상 위를 더 밝힌다. 이렇게 두 가지를 함께 쓴다. 방 전체는 200럭스 정도, 책상 위는 400럭스 정도. 이렇게 하면 명암 대비가 심하지 않으면서도 책상 위는 충분히 밝다.

셋째, 적절한 색온도. 조명에는 색온도라는 것이 있다. 주로 따뜻한 빛과 차가운 빛이다. 따뜻한 빛은 주황색에 가깝고, 차가운 빛은 하얀색이나 푸른색에 가깝다. 숫자로는 켈빈(K)으로 표시한다. 3000K 이하는 따뜻한 빛, 5000K 이상은 차가운 빛이다. 공부할 때는 어떤 빛이 좋을까. 〈환경심리학저널Journal of Environmental Psychology〉에 발표된 2016년 연구에 따르면, 4000K에서 5000K 사이의 주광색 조명 아래에서 사람들의 집중력과 반응 속도가 향상되었다. 이 범위의 빛은 각성 효과가 있다. 뇌를 깨운다. 반대로 따뜻한 빛(3000K 이하)은 이완 효과가 있어 잠들기 전에 좋다. 하지만 공부할 때는 좋지 않다. 나른해진다.

조명의 색온도 비교

스탠드를 살 때 색온도 조절이 되는지를 확인해야 한다. 공부할 때는 주광색으로, 쉴 때는 따뜻한 색으로 바꿀 수 있게. 그리고 깜빡임이 없는 LED를 선택한다. 형광등은 깜빡인다. 눈에 보이지 않지만 뇌는 감지한다. 눈이 피로해진다. LED는 깜빡이지 않는다.

스탠드의 위치도 중요하다. 오른손잡이는 왼쪽 앞에, 왼손잡이는 오른쪽 앞에 둔다. 그래야 손 그림자가 생기지 않는다. 높이는 책상에서 35~50cm 정도가 적당하다. 너무 낮으면 눈부시고, 너무 높으면 어둡다.

소음의 역설

소음은 집중력의 적이다. 갑작스러운 소리, 불규칙한 소리, 높은 소리. 이것들은 뇌의 주의를 빼앗는다. 아무리 집중하고 있어도 갑자기 큰소리가 나면 뇌는 자동으로 그쪽으로 주의를 돌린다. 생존 본능이다. 위험한 소리일 수 있으니까.

거실에서 TV 소리가 들리거나, 형제가 떠드는 소리가 들리거나, 부모가 전화하는 소리가 들리면 아이는 집중할 수 없다. 귀로는 소리를 듣고, 눈으로는 책을 보면서 뇌는 둘 다 처리하느라 과부하가 걸린다.

도서관이 조용한 이유도 이것이다. 도서관의 소음 수준은 보통 35데시벨에서 40데시벨 정도다. 이것은 속삭이는 소리 정도다. 이 정도면 뇌가 소음을 무시할 수 있고, 공부에 집중할 수 있다.

그렇다면 집에서는 어떻게 해야 할까. 완전히 조용하게 만들 수는 없다. 집은 도서관이 아니니까. 하지만 최대한 줄일 수는 있다. 공부 시간에는 TV를 끄고 목소리를 낮추고 전화는 다른 방에서 하는 것이다. 이런 기본적인 배려가 필요하다.

물리적으로도 소음을 줄일 수 있다. 카펫을 깔면 발소리를 흡수할 수 있고, 커튼을 달면 밖에서 들어오는 소리를 차단할 수 있다. 문에 방음 테이프를 붙이면 틈새로 새어 나가는 소리를 막을 수 있고, 책장을 벽 쪽에 배치하면 책이 소리를 흡수해주기도 한다.

흥미로운 것은 완전한 무음이 오히려 불편할 수 있다는 것이다. 너무 조용하면 작은 소리도 크게 들린다. 연필 소리, 숨소리, 의자 삐걱거리는 소리 등 이것들이 오히려 신경 쓰인다. 그래서 어떤 사람들은 백색 소음을 틀어놓는다. 일정한 낮은 소리다. 빗소리, 파도 소리, 에어컨 소리 같은, 이런 일정한 소음이 오히려 불규칙한 소음을 가려준다. 그래서 집중하기가 쉬워진다.

하지만 이것은 개인차가 있다. 어떤 아이는 완전히 조용한 것을 좋아하고, 어떤 아이는 약간의 소음이 있는 게 편하다. 그래서 우리 아이를 관찰해야 한다. 어떤 환경에서 더 잘 집중하는지를, 그리고 그에 맞춰 환경을 만들어줘야 한다.

방해 요소 제거의 기술

최적의 환경을 만드는 것은 좋은 것을 더하는 것만이 아니다. 나쁜 것을 빼는 것이 더 중요하다. 방해 요소를 제거하는 것이다.

시각적 방해 요소부터 보자. 책상 앞에 앉아서 보이는 것들을 점검해야 한다. 정면에 창문이 있으면 창밖의 움직임이 보인다. 사람들이 지나다니고, 차가 주차하고, 새가 날아다닌다. 움직임이 많다. 왼쪽이나 오른쪽에 침대가 보이면 눕고 싶어진다. 책장에 만화책이나 게임기가 보이면 하고 싶어진다. 책상 위에 온갖 소품이 있으면 만지작거리게 된다.

해결책은 간단하다. 책상을 벽을 향하게 놓는 것이다. 창밖의 움직임이 보이지 않게. 침대 위의 물건들을 정리한다. 보이지 않게. 책장의 만화책과 게임기를 다른 곳으로 옮긴다. 책만 남긴다. 책상 위의 소품들도 대부분 치운다. 스탠드, 연필꽂이, 시계 정도만 남긴다.

청각적 방해 요소도 중요하다. 소리는 눈보다 더 강력하게 주의를 끈다. 눈은 감을 수 있지만 귀는 막을 수 없다. 소리는 원하든 원하지 않든 뇌로 들어온다. 그래서 일종의 가족 규칙을 만드는 걸 권한다. 아이가 공부하는 시간에는 거실 TV를 끄거나 목소리를 낮추거나 전화를 짧게 한다는 규칙. 그리고 문에 방음 테이프를 붙이고, 백색소음기를 사용할 수도 있다.

모든 방해 요소 중 가장 강력한 것은 디지털 기기다. 핸드폰, 태블릿, 노트북, 이것들은 끊임없이 우리의 주의를 끈다. 알림과 메시지가 오고 화면이 켜지면, 뇌는 자동으로 반응한다. 확인하고 싶어진다. 설령 알림이 오지 않아도 문제다. 앞서 살펴본 대로 핸드폰이 책상 위에 있다는 것만으로도 집중력이 떨어진다. 화면이 꺼져 있든 핸드폰을 뒤집어 놓았든 간에 말이다. 이에 대한 해결책은 간단하다. 핸드폰을 다른 방에 두는 것이다. 보이지 않게, 손이 닿지 않는 곳에 둔다.

공간 배치의 원칙

최적의 환경 조건을 갖추고 방해 요소도 제거했다면, 이제 마지막 단계다. 공간을 배치하는 것이다. 같은 물건이라도 어디에 어떻게 놓느냐에 따라 효과가 달라진다.

책상은 어디에 놓아야 할까. 많은 사람들이 창가에 놓는다. 햇빛을 받으며 공부하면 좋을 것 같아서다. 하지만 이것은 좋지 않다. 창밖의 움직임이 보이기 때문이다. 책상은 벽을 향하게 놓는 것이 좋다. 아무것도 보이지 않는 벽. 시야에 방해 요소가 없다. 오직 책상 위의 책과 노트만 보인다. 집중하기 좋다.

하지만 벽을 너무 가까이 보면 답답하다. 벽과 책상 사이에 최소 30cm는 띄운다. 그리고 벽에 한두 가지 정도는 걸어도 된다. 동기부여가 되는 문구나 목표를 적은 포스트잇, 좋아하는 그림 등. 단, 너무 화려하거나 복잡하면 안 된다. 차분하고 단순한 것이 좋다.

책상의 높이도 중요하다. 앉았을 때 팔꿈치가 90도 각도가 되는

시각적 방해 요소 제거

높이가 적당하다. 너무 높으면 어깨에 힘이 들어가고, 너무 낮으면 허리가 구부러진다. 높이 조절이 되는 책상을 추천한다. 아이가 자라면서 높이를 맞출 수 있으니까.

의자는 공부 환경에서 가장 중요한 가구다. 하루에 몇 시간씩 앉아 있으니까. 잘못된 의자에 앉으면 허리가 아프고, 어깨가 뻐근하며, 집중력이 떨어진다.

좋은 의자의 조건 세 가지는 다음과 같다.

첫째, 등받이가 허리를 지지해야 한다. 둘째, 높이 조절이 되어야 한다. 셋째, 너무 편하면 안 된다. 소파처럼 푹신한 의자에 앉으면 편하지만 편한 만큼 졸음도 잘 온다.

책장은 어디에 놓을까. 많은 사람이 책이 잘 보이게 책상 앞에 놓는다. 하지만 이것도 방해가 될 수 있다. 책장은 책상 옆이나 뒤에 놓는 것이 좋다. 고개를 돌려야 보이는 곳, 평소에는 보이지 않지만 필요하면 쉽게 꺼낼 수 있는 곳. 그리고 책장에는 교과서와 참고서만 놓는다. 만화책, 소설책, 잡지는 다른 곳에 둔다. 공부 공간과 독서 공간을 분리하는 것이다.

시계는 책상 정면이 아니라 옆에 놓는다. 고개를 돌려야 보이는 곳. 평소에는 시계를 의식하지 않고 공부하지만 필요하면 시간을 확인할 수 있다. 시계를 정면에 두면 자꾸 시간을 보게 된다. 그러면 시간에 집착하게 되면서 집중이 흐트러진다. 그리고 초침이 째깍째깍 움직이는 시계보다는 조용한 시계나 디지털 시계가 좋다.

학습 공간의 구성 요소

공간의 질서와 시간의 질서

공부 환경을 이야기할 때 '공간의 질서'와 '시간의 질서'를 함께 생각해야 한다. 공간만 정리한다고 해서 충분하지 않다. 시간도 정리해야 한다.

공간의 질서란 물건이 제자리에 있는 것이다. 교과서는 교과서 자리에, 필기구는 필기구 자리에, 공책은 공책 자리에, 모든 것이 정해진 곳에 있다. 사용하고 나면 제자리에 돌려놓는다. 이것이 공간의 질서다.

시간의 질서란 시간이 정해진 것이다. 공부 시간, 휴식 시간, 놀이 시간, 각각이 정해져 있다. 7시부터 8시까지는 수학 시간, 8시부터 8시 10분까지는 휴식 시간, 8시 10분부터 9시 10분까지는 영어 시간.

이렇게 정해진 시간에 정해진 일을 한다. 이것이 시간의 질서다.

이 두 가지가 함께 있어야 진정한 학습 환경이 만들어진다. 공간만 정리하고 시간이 무질서하면 효과가 반감된다. 시간만 정리하고 공간이 어질러져 있어도 효과가 반감된다. 둘 다 있어야 한다.

공간의 질서는 물리적 환경을 만들고, 시간의 질서는 심리적 환경을 만든다. 공간이 정리되면 눈에 보이는 것들이 정돈되고, 시간이 정리되면 마음이 정돈된다. 둘 다 정돈되면, 아이는 혼란 없이 집중할 수 있다.

우리는 종종 공간만 신경 쓴다. 책상을 사고, 의자를 사고, 책장을 산다. 그리고 정리한다. 하지만 시간은 정리하지 않는다. 아이가 언제 공부할지, 얼마나 할지, 언제 쉴지 정하지 않는다. 그날그날 기분에 따라 한다. 이것은 반쪽짜리 환경이다. 진정한 최적의 환경은 공간과 시간이 모두 정리된 환경이다.

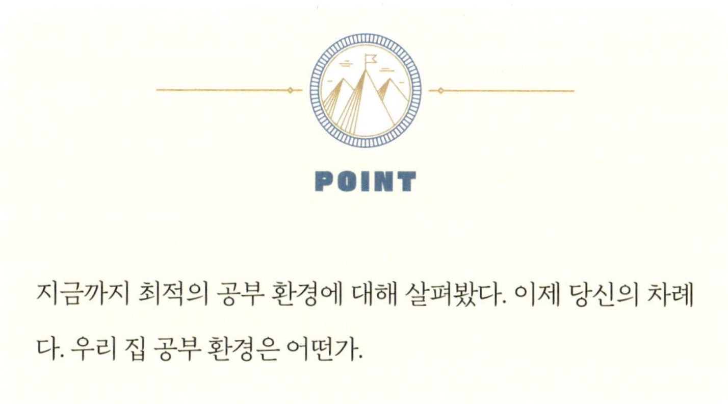

지금까지 최적의 공부 환경에 대해 살펴봤다. 이제 당신의 차례다. 우리 집 공부 환경은 어떤가.

온도는 적절한가. 책상 앞에 앉았을 때 너무 덥지도 춥지도 않은가. 하루 종일 온도가 안정적인가. 공기질은 좋은가. 한두 시간마다 환기를 하는가. 답답하거나 머리가 무겁지 않은가. 조명은 충분한가. 책을 읽을 때 눈이 피로하지 않은가. 책상 위가 300에서 500럭스 정도로 밝은가. 방 전체와 책상의 밝기 차이가 크지 않은가. 소음은 적절한가. 조용한 환경인가. 거실 소리가 많이 들리지 않는가. 시각적 방해 요소는 없는가. 책상 앞에 앉았을 때 창밖의 움직임이 보이지 않는가. 침대나 게임기가 시야에 들어오지 않는가. 책상 위가 정리되어 있는가. 디지털 방해 요소는 없는가. 핸드폰이 다른 곳에 있는가. 공부 시간 동안 디지털 기기를 보지 않는 규칙이 있는가. 공간 배치가 적절한가. 책상이 벽을 향하고 있는가. 의자가 편안하면서도 적당히 단단한가. 공

학습 환경 체크리스트

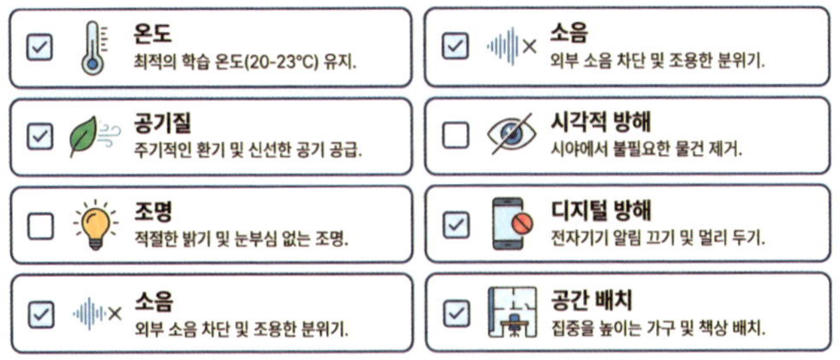

간의 질서가 있는가. 모든 물건이 제자리에 있는가. 시간의 질서가 있는가. 공부 시간이 정해져 있는가. 매일 같은 시간에 공부하는가.

이 질문들에 '아니오'가 많다면, 개선할 점이 많다는 뜻이다. 하나씩 바꿔보자. 한꺼번에 다 바꿀 필요는 없다. 이번 주에는 온도와 환기를 개선하고, 다음 주에는 조명을 바꾼다. 그다음 주에는 책상 위를 정리한다. 천천히, 하나씩.

테마 1. 마찰이 행동을 바꾼다

2008년, 행동경제학자 리처드 탈러Richard Thaler와 법학자 캐스 선스타인Cass Sunstein 은 《넛지》에서 흥미로운 개념을 제안했다. 사람들의 행동을 바꾸기 위해 꼭 강요하거나 설득할 필요는 없다는 것이다. 그저 아주 작은 '마찰'을 더하거나 빼는 것만으로도 충분 하다. 탈러는 이 연구로 2017년 노벨경제학상을 수상했다.

마찰이란 어떤 행동을 하기까지 필요한 노력의 양을 말한다. 의자에서 일어나는 일, 몇 걸음을 걷는 일, 서랍을 여는 일. 사소해 보이는 이 불편함들이 행동의 방향을 바꾼다.

이 원리는 실험으로도 증명됐다. 코넬대학교의 브라이언 완싱크Brian Wansink 교수는 사무실 직원들의 책상 위에 사탕 접시를 두었다가 같은 접시를 방 건너편으로 옮겼다. 사탕은 원래 접시에 담겨 있던 그대로로 맛도, 크기도 바뀌지 않았다. 달라진 것은 단 하 나, 몇 걸음을 더 걸어야 한다는 마찰뿐이었다. 결과는 어땠을까. 사람들이 사탕을 먹는 양이 절반으로 줄었다.

구글 역시 같은 연구를 진행했다. 뉴욕 사무실에서 음료대와 간식 바 사이의 거리를 달리한 뒤 직원들의 행동을 관찰했다. 2016년 학술지 〈Appetite〉에 발표되기도 한 이 연구에 따르면, 간식에서 2미터 떨어진 음료대를 이용한 직원은 5미터 떨어진 음료대를 이용한 직원보다 간식을 집을 확률이 50퍼센트나 높았다. 고작 3미터의 차이가 행동을 바꾼 것이다.

마찰은 반대 방향으로도 작동한다. 원하는 행동의 마찰을 줄이면, 그 행동은 자연스 럽게 늘어난다. 재활용이 그렇다. 2017년 캐나다 브리티시컬럼비아대학교UBC 연구팀 은 아파트 재활용률을 조사했다. 재활용 통이 1층 쓰레기장에만 있을 때와 각 층 엘리베 이터 앞에 있을 때를 비교했다. 거리 차이는 불과 몇 미터였지만 결과는 극적이었다. 가까이 두었을 때 재활용률이 141퍼센트나 증가한 것이다.

16초, 몇 미터, 몇 걸음. 이 정도의 작은 마찰이 행동을 완전히 바꾼다. 우리는 흔히 의지력이나 결심이 행동을 바꾼다고 믿지만, 위 연구들이 보여준 결과는 정반대의 결론을 보여준다. 아주 짧은 시간의 불편함, 아주 작은 물리적 거리가 우리의 선택을 좌우한다. 의지력보다 환경이 더 강한 이유다.

공부방도 마찬가지다. 침대가 한 걸음 거리에 있으면 쉽게 눕게 된다. 하지만 중간에 놓인 책장을 돌아가야 한다면, 그 몇 걸음의 마찰이 '조금만 더 하자'는 생각을 만든다. 마찬가지로 스마트폰이 책상 위에 있으면 수시로 손이 가겠지만 거실 어딘가의 서랍 안에 있으면, 그 몇십 초의 마찰이 '나중에 보자'는 생각을 하게 만드는 것이다.

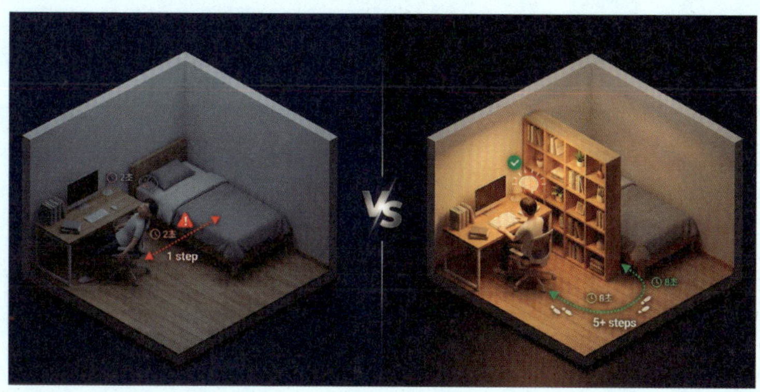

우리 집에 맞는 공부방 만들기

아이 성향과 집 구조에 맞춘 환경 설계법

1장

우리 집 방 크기
파악하기

인터넷에서 '공부방 배치'를 검색하면 수백 개의 이미지가 쏟아진다. 깔끔한 북유럽 스타일, 세련된 미니멀 디자인, 아늑한 내추럴 톤. 하나같이 멋있다. 저장하고, 캡처하고, 메모한다.

"우리 집도 이렇게 해봐야지."

그리고 실패한다. 똑같은 책상을 샀는데 문을 막는다. 사진 속 그 책장을 놓았는데 창문이 가려진다. 침대 위치를 바꿔봐도 어색하다. 뭔가 계속 맞지 않는다. 왜일까? 답은 단순하다. 방 크기가 다르기 때문이다. 사진 속 방은 4m×3m인데, 우리 집은 3.3m×2.5m다. 고작 몇 십cm 차이라고 생각할 수 있지만, 이 차이가 책상 하나를 놓을 수 있느냐 없느냐를 결정한다. 남의 집을 흉내 낼 수 없다. 우리 집을 정확히 알아야 한다.

공부방 배치는 디자인이 아니다. 공간에 대한 이해다. 멋진 사진을 따라 하기 전에, 우리 집 방이 어떤 공간인지부터 파악해야 한다. 크기, 제약 조건, 가능성, 이 세 가지를 정확히 알면 실패하지 않는다.

방 크기 정확하게 측정하기

준비물

방 측정에 필요한 도구는 간단하다. 5m 이상 되는 철제 줄자 하나면 충분하다. 천 재질 줄자는 사용하면서 조금씩 늘어나기 때문에 정밀한 측정에는 적합하지 않다. 여기에 기록을 위한 A4 용지와 펜, 그리고 사진 촬영을 위한 핸드폰 정도만 준비하면 된다.

측정의 기본 원칙

측정의 기본은 가로와 세로를 재는 것이다. 바닥에 줄자를 쭉 펴서 벽면을 따라 재면 된다. 가로가 긴 쪽, 세로가 짧은 쪽. 이때 중요한 것은 mm 단위까지 정확하게 재는 것이다. "대충 3.5m"라고 적으면 안 된다. "3480mm"라고 적어야 한다.

왜 mm까지 재야 할까? 80mm 차이가 책상이 들어가느냐 안 들어가느냐를 결정하기 때문이다. 1400mm 책상은 들어가는데 1500mm 책상은 안 들어간다면, 그 차이는 고작 100mm다. 대충

재면 이런 디테일을 놓치게 된다.

줄자를 사용할 때는 벽면 아래쪽에서 재야 한다. 줄자를 바닥에 바짝 붙여서 재는 것이 정확하다. 허리 높이나 가슴 높이에서 재면 안 되는데, 벽이 완전히 수직이 아닐 수 있기 때문이다. 특히 구형 아파트는 벽이 미세하게 기울어진 경우가 많다. 바닥 길이가 가장 정확한 공간의 크기다.

또한 양쪽 끝을 모두 재야 한다. 긴 벽 한쪽만 재지 말고, 반대편도 재야 한다. 정사각형이나 직사각형처럼 보여도 실제로는 약간 비뚤어진 경우가 많다. 한쪽은 3600mm인데 반대편은 3580mm일 수 있다. 이럴 때는 더 짧은 쪽 치수를 기준으로 해야 가구 배치에서 실수하지 않는다.

천장 높이 측정하기

바닥에서 천장까지 수직으로 재는 것도 필요하다. 방 네 모서리에서 각각 재보는 것이 좋은데, 천장도 완전히 평평하지 않을 수 있기 때문이다.

한국 아파트의 천장 높이는 대략 다음과 같다. 구형 아파트는 보통 2200~2300mm 정도이고, 일반 아파트는 2300~2400mm, 신축 아파트는 2400~2500mm 정도다.

천장 높이가 왜 중요할까?

첫째, 로프트 베드를 설치할 수 있는지를 정할 수 있다. 로프트 베드는 침대 바닥이 보통 1400mm 높이에 위치하는데, 침대 위 공간이 최소 1000mm는 있어야 앉거나 기어다닐 수 있다. 천장이 2400mm 미만이면 로프트 베드는 현실적으로 두기 어렵다.

둘째, 높은 책장을 놓을 수 있는지를 정할 수 있다. 2000mm 높이 책장은 2400mm 천장에서는 괜찮지만, 2300mm 천장에서는 압박감을 준다. 천장과 책장 사이 공간이 300mm 이하면 답답해 보인다.

셋째, 조명 위치와 관련된다. 천장 조명이 방 중앙에 있는데 책상을 어디에 놓을지, 스탠드 조명을 추가해야 할지 판단할 수 있다.

측정 시 흔한 실수들

사람들이 측정할 때 가장 많이 하는 실수들이 있다.

첫 번째 실수는 벽지 두께를 고려하지 않는 것이다. 벽면을 잴 때 벽지 표면에서 재는가, 아니면 벽체에서 재는가? 대부분 벽지 표면에서 잰다. 하지만 가구는 벽지에 딱 붙지 않는다. 벽지와 가구 사이에 최소 5에서 10mm 간격이 생긴다. 정밀한 배치를 하려면 이 간격도 고려해야 한다.

두 번째 실수는 걸레받이를 무시하는 것이다. 바닥과 벽이 만나는 곳에 걸레받이가 있다. 보통 높이 50~80mm, 돌출 10~20mm 정도인데, 이게 생각보다 중요하다. 책상이나 책장을 벽에 딱 붙이려고 해도 걸레받이 때문에 10~20mm 떨어진다. 3600mm 벽면에 1200mm 책상 3개를 빈틈없이 놓으려 했는데, 걸레받이 때문에 각각 15mm씩 떨어지면 총 45mm 공간이 남는다. 마지막 책상이 안 들어가게 된다.

세 번째 실수는 문틀 두께를 잊는 것이다. 문이 있는 벽면을 잴 때, 문틀 안쪽에서 재는 사람이 있다. 이것은 틀린 방법이다. 문틀 바깥쪽, 벽면 전체 길이를 재야 한다. 문틀은 보통 양쪽에 각각 80~100mm씩 차지하는데, 이것까지 포함해야 정확한 벽면 길이다.

네 번째 실수는 창틀 돌출을 고려하지 않는 것이다. 창문이 있는 벽면은 더 복잡하다. 창틀이 벽면보다 안쪽으로 들어가 있는가, 아니면 튀어나와 있는가? 튀어나와 있으면 그 아래나 옆에 가구를 놓을 때 방해가 된다. 창틀 아래에 책상을 넣으려 했는데, 창틀이 50mm 돌출되어 있어서 책상이 벽에서 50mm 떨어지게 된다. 이런 디테일을 놓치면 배치가 틀어진다.

실제 사용 가능한 공간 계산하기

이제 측정한 숫자를 분석해야 한다. 방 크기가 3.5m×2.7m라고 해서 그 공간을 다 쓸 수 있는 게 아니다. 문이 열리는 쪽으로 최소 800mm는 비워야 한다. 안쪽으로 여는 여닫이문이 휙 열릴 때 가구에 부딪히면 안 된다. 그런데 문 폭이 800mm라고 문 공간이 800mm만 필요한 게 아니다. 문이 90도 열리면 호를 그리며 스윙하는데, 이 스윙 반경이 대략 850~900mm다. 여유롭게 900mm를 비워둬야 한다. 여기서 또 하나 고려할 것이 있다. 문 바로 옆에 스위치가 있다는 점이다. 불을 켜고 *끄려*면 손을 뻗는 공간이 필요하다. 문 옆 200mm는 더 비워야 손이 편하다. 결국 문 개폐 공간은 900mm에 200mm를 더한 약 1100mm 정도가 적당하다.

동선 확보도 중요하다. 사람이 지나다닐 공간은 최소 600mm
가 필요하다. 어른 남자 어깨 폭이 평균 450mm 정도이니, 600mm
면 정면으로 걸을 수 있다. 하지만 600mm는 최소치일 뿐이다. 가
방을 들고 다니거나, 책을 들고 이동하거나, 의자를 빼고 일어서려면
700~800mm는 있어야 편하다.

문 스윙 영역(빨강), 동선(파랑), 배치 가능 영역(초록)

특히 책상 뒤 공간이 중요하다. 책상 앞에 앉은 사람 뒤로 다른 사
람이 지나가려면 어떻게 해야 할까? 의자에 사람이 앉으면 500mm
를 차지하고, 사람이 지나가려면 600mm가 필요하다. 그러면 총 필
요 공간은 1100mm다. 책상을 벽에서 얼마나 떨어뜨려 놓아야 하는

지가 여기서 결정된다.

이렇게 계산해보면 생각보다 공간이 많이 줄어든다. 예를 들어 방 세로 길이 중 상당 부분이 동선으로 사라지고, 가구를 놓을 수 있는 실제 너비는 예상보다 좁아진다.

측정 결과 기록하기

측정했으면 기록해야 한다. 머릿속에만 두면 잊어버린다.

기록할 때는 체계적인 양식을 사용하는 것이 좋다. 기본 치수로는 가로(긴 벽), 세로(짧은 벽), 천장 높이, 방 면적을 적는다. 문에 대해서는 위치, 폭, 여는 방향, 개폐 공간을 기록한다. 창문은 위치, 폭, 바닥에서 높이, 창틀 돌출 여부를 적는다. 붙박이장이 있다면 위치, 폭, 깊이를 기록한다. 동선은 문 개폐 공간, 주 동선, 실제 사용 가능 너비를 계산해둔다. 기타로 콘센트 위치, 조명 위치, 난방 방식, 에어컨 유무 등을 적어둔다.

이렇게 적어두면 가구 쇼핑할 때 참고할 수 있다. '우리 집은 1400mm 책상까지 가능'이라는 걸 명확히 알게 된다.

사진으로 기록하기

숫자만으로는 부족하다. 사진을 찍어두는 것이 좋다. 방 전체를 문 입구에서 찍으면 전체 공간을 파악할 수 있다. 각 벽면을 정면에서 찍으면 창문, 붙박이장, 빈 벽의 상태를 확인할 수 있다. 천장 조명과 콘센트 위치도 사진으로 남긴다. 걸레받이와 문틀 디테일도 찍어둔다.

나중에 가구를 고를 때, 배치를 계획할 때 이 사진들을 다시 보게 된다. '여기 창틀이 있었지', '콘센트가 이 높이였구나' 하고 기억이 아니라 기록으로 확인할 수 있다.

방 안의 구성 요소

제약 조건 파악하기

방 크기를 알았다면 이제 제약 조건을 찾아야 한다. 제약 조건이란 바꿀 수 없는 것들이다. 창문 위치, 문 위치, 붙박이장 등은 이미

정해져 있다. 우리는 이것들을 피해서, 또는 이용해서 배치해야 한다.

창문: 빛과 열의 통로

창문이 어느 벽에 있는지부터 파악한다. 긴 벽에 있으면 창가와 반대편 벽 모두 활용할 수 있다. 짧은 벽에 있으면 한쪽 벽은 창문 때문에 제약이 된다.

창문 폭을 재는 것도 중요하다. 폭이 1500mm 이상이면 창 아래에 책상을 놓기 좋다. 1200mm 이하면 책상보다는 작은 협탁이나 수납장이 적합하다.

창문 아래 높이 역시 중요하다. 바닥에서 창틀까지 몇 mm인가에 따라 가구 선택이 달라진다. 900mm 이상이면 책상(750mm 높이)을 놓아도 창틀에 안 닿는다. 800mm면 책상을 놓으면 창틀에 아슬아슬하게 닿는다. 700mm 이하면 책상은 불가능하고, 낮은 가구만 놓을 수 있다.

창문 방향도 확인해야 한다. 남향인가, 북향인가, 동향인가, 서향인가에 따라 책상 위치가 달라진다.

남향은 하루 종일 햇빛이 들어온다. 밝고 따뜻하지만 여름에는 덥다. 창가에 책상을 두면 오후에 눈부실 수 있어서 블라인드나 커튼을 다는 게 필수다. 북향은 직사광선이 없다. 그늘지고 시원하다. 조명 밝기가 중요해진다. 창가 책상은 괜찮다. 눈부심이 없으니까. 동향은 아침 햇빛이 들어온다. 아침에 일어나기 좋지만 오후에는 어둡다. 오후에 공부할 때는 조명이 필요하다. 서향은 오후와 저녁 햇빛이 강하다. 오후 3~6시 사이에 밝고 뜨겁다. 여름에는 견디기 어렵다. 단열과 차단이 필수다.

방향에 따라 책상 위치도 달라진다. 남향이나 서향이면 창을 정면으로 보고 앉지 않는 것이 좋다. 눈이 부시고 더우니까. 창을 측면에 두거나 등 뒤에 두는 게 좋다. 북향이나 동향이면 창가에 앉아도 괜찮다.

창틀 구조도 확인해야 한다. 창틀이 벽면보다 안쪽에 들어가 있는가, 튀어나와 있는가? 튀어나와 있으면 창 아래 공간이 좁아진다. 책상을 밀어 넣으려 해도 창틀에 걸린다. 20mm라도 튀어나오면 책상 배치가 까다로워진다.

겨울철 결로와 곰팡이 문제도 고려해야 한다. 오래된 아파트는 창가에 결로가 생긴다. 물이 맺히고, 곰팡이가 핀다. 창가에 책상을 놓으면 책이 습기를 먹는다. 더 큰 문제는 창가 쪽 공기는 차갑기 때문에 공부하는 데 지장을 주는 것이다. 이런 경우는 창가를 피해야 한다. 창문과 최소 500mm 이상 떨어뜨리거나, 단열 필름을 붙이고 보조 난방을 설치한 다음 책상을 놓는다.

문: 출입과 시선의 경로

문의 위치가 긴 벽의 어느 쪽에 있는지 파악한다. 왼쪽인가, 오른쪽인가, 중앙인가? 여는 방향은? 안쪽인가, 바깥쪽인가? 대부분 안쪽으로 여는 여닫이문이다. 문이 방 안으로 휙 열린다. 이 스윙 영역에는 아무것도 놓을 수 없다.

문 폭 800mm에 스윙 반경 100mm, 손 공간 200mm를 더하면 총 1100mm가 된다. 이 1100mm는 완전히 비워야 한다. 여기에 책상이나 침대를 놓으면 문이 가구에 부딪히거나, 문을 열고 들어오면서 가구 모서리에 다치게 된다.

시선 문제도 중요하다. 문을 열었을 때 무엇이 보이는가? 책상 앞에 앉은 아이의 뒷모습이 보이면 아이는 불안하다. 누가 문을 열면 깜짝 놀란다. 침대가 먼저 보이면 침대가 너무 눈에 띄어서 공부보다 침대 생각이 난다. 빈 벽이 보이는 것이 가장 좋다. 시선이 분산되지 않는다. 고로 문 정면에는 책상을 놓지 않는 게 원칙이다. 책상은 문 측면이나 옆 벽에 배치한다. 그러면 문을 열어도 아이 얼굴이 보이거나 측면이 보인다. 뒷모습보다 훨씬 낫다.

방음과 프라이버시도 확인한다. 문틈 소리 차단은 어떤가? 문 아래 틈이 크면 소리가 새어 나온다. 거실 TV 소리, 부엌 소리가 다 들린다. 문 아래 틈이 10mm 이상이면 소음 차단 테이프를 붙인다.

붙박이장: 고정된 거대한 존재

붙박이장이 있으면 장점과 단점이 동시에 존재한다.

장점은 수납 공간 확보다. 옷, 이불, 잡동사니를 다 넣을 수 있다. 별도 옷장을 살 필요가 없다. 반면 단점은 위치가 고정되어 있다는 것이다. 옮길 수 없다. 이미 한쪽 벽을 차지하고 있어서 나머지 공간으로 배치해야 한다.

붙박이장이 어느 벽에 있는지 확인한다. 문 옆 벽에 있으면 가장 흔한 경우로, 반대편 벽과 창가 벽이 자유롭다. 창가 벽에 있으면 창을 가려서 자연광이 줄어들고 배치가 까다롭다. 문 반대편 벽에 있으면 드문 경우인데, 문과 붙박이장 사이 공간 활용이 중요해진다.

붙박이장의 폭과 깊이를 잰다. 폭은 보통 1800~2000mm인데 간혹 2400mm인 경우도 있다. 깊이는 보통 600mm다. 높이는 천장까지로 2300~2400mm다. 이 붙박이장이 차지하는 벽 길이만큼 다른 가구는 옆으로 밀린다.

붙박이장 문이 어떻게 열리는지도 확인한다. 여닫이문이면 붙박이장 앞 700mm는 비워야 한다. 문 열고 옷 꺼내려면 그 정도는 필요하다. 미닫이문이면 붙박이장 바로 앞에 다른 가구를 놓아도 된다.

콘센트: 전선의 위치

콘센트 위치를 꼭 확인해야 한다. 책상에는 컴퓨터, 스탠드, 충전기가 연결된다. 콘센트가 어디 있느냐에 따라 책상 위치가 정해진다.

방에 콘센트가 몇 개나 있는지 확인한다. 1개면 멀티탭이 필수다. 2개면 책상 쪽 하나, 침대 쪽 하나로 쓸 수 있다. 3개 이상이면 여유롭다.

어느 벽에 있는지, 바닥에서 몇 mm 높이인지도 확인한다. 보통 바닥에서 300mm 높이에 있다. 간혹 900mm 높이, 즉 책상 높이에 있는 경우도 있는데, 이런 경우 훨씬 편하다. 선이 바닥에 늘어지지 않으니까.

책상을 콘센트에서 멀리 놓으면 전선이 바닥에 길게 깔린다. 밟히고, 걸리고, 지저분하다. 책상을 콘센트 가까이 놓는 게 원칙이다. 전선 길이 1~2m 이내로 하고, 멀티탭을 책상 밑이나 옆에 고정한다.

콘센트가 창가 벽에만 있고, 책상을 반대편 벽에 놓고 싶다면? 전선을 벽면을 따라 정리해서 깔끔하게 연결하거나, 아예 전기 공사로 콘센트를 추가하는 방법이 있다.

조명: 빛의 위치

천장 조명이 방 중앙에 있는지, 한쪽으로 치우쳐 있는지 확인한다.

중앙에 있으면 방 전체가 고르게 밝다. 하지만 책상 앞에 앉으면 내 그림자가 책상 위에 생겨 스탠드 조명이 필요하다. 한쪽으로 치우쳐 있으면 그쪽만 밝고 반대편은 어둡다. 배치할 때 밝은 쪽을 활용해야 한다.

불 스위치가 문 옆에 있는지, 방 안쪽에 있는지도 확인한다. 문 옆에 있으면 들어오면서 바로 켤 수 있지만 방 안쪽에 있으면 어둠 속에서 스위치를 찾아야 해서 불편하다. 이런 경우 침대 옆에 무선 스위치를 추가하거나, 리모컨 조명으로 교체한다.

자연광과의 관계도 고려한다. 창문이 큰 남향 방은 낮에 자연광이 풍부해서 천장 조명은 저녁에만 쓴다. 창문이 작은 북향 방은 낮에도 어두워서 하루 종일 조명이 필요하다. 그러면 전기 요금도 올라간다. 그래서 밝은 LED 조명으로 교체하는 게 좋다.

난방과 냉방

대부분 한국 아파트는 바닥 난방이다. 겨울에 따뜻하지만, 창가는 차갑다. 창문이 큰 방은 창가와 방 안쪽 온도 차이가 5도 이상 난다. 창가에 책상을 놓으면 발이 추워져 담요나 전기 발난로가 필요할 수 있다. 오래된 아파트는 창틀 단열이 약해서 창가 바닥이 차갑다. 그래서 겨울에는 책상을 창가에 두지 않는 게 낫다.

벽걸이 에어컨이 어디 있는지, 실내기가 어느 벽에 달려 있는지도 확인한다. 에어컨 바람이 책상에 직접 닿으면 안 된다. 장시간 찬 바람을 쐬면 두통이 오고 집중력도 떨어지기 때문에 에어컨 반대편이나 측면에 책상을 놓거나, 에어컨 바람 방향을 조절한다.

실외기 위치도 중요하다. 실외기가 창 바로 밖에 있으면 소음이 들린다. 그러면 공부할 때 방해가 된다. 특히 여름에 에어컨을 켜면 실외기 소리가 방 안까지 들리므로 이런 경우 창문과 먼 쪽에 책상을 놓는다.

방 모양: 정사각형인가 직사각형인가

정사각형에 가까운 방은 비교적 배치하기가 용이하다. 어느 벽에든 가구를 놓을 수 있다. 시각적으로 균형이 잡힌다. 하지만 중앙 공간이 애매해진다. 가구를 벽에 붙이면 중앙이 텅 빈다. 중앙에 무엇을 놓을지 고민해야 한다.

직사각형 방은 긴 벽 활용이 핵심이다. 긴 벽에 책상, 책장, 침대를 일렬로 놓을 수 있다. 동선이 명확하다. 하지만 짧은 벽은 쓸모가 적다. 짧은 벽에는 침대 머리나 협탁 정도만 놓을 수 있다.

다각형인 방의 경우 기둥이 튀어나와 있거나, 벽이 비스듬하거나, 경사진 천장이 있으면 배치를 하기가 어렵다. 맞춤 가구나 모듈 가구가 필요하다.

복도식 방은 길쭉한 복도 같은 방이다. 한쪽 끝에서 다른 쪽 끝까지 긴 동선이 생긴다. 이런 방은 존zone을 나눈다. 입구 쪽은 수납과 옷, 안쪽은 침대와 책상과 같이 기능별로 분리한다.

우선순위 정하기

이제 중요한 질문을 던져야 한다. 우리 아이에게 가장 중요한 것은 무엇인가? 방은 하나다. 침대도 필요하고, 책상도 필요하고, 수납도 필요하고, 동선도 필요하다. 하지만 모든 것을 다 만족시킬 수는 없다. 좁은 방이면 더더욱 불가능하다. 무엇을 우선할 것인가, 무엇을 타협할 것인가, 이 결정이 배치의 방향을 정한다.

우선순위 1: 집중력 극대화

쉽게 산만해지는 아이, 침대만 보면 눕고 싶어 하는 아이, 창밖을 자주 보는 아이, 소음에 민감한 아이, 혼자 있을 때 더 잘하는 아이라면 집중력을 최우선으로 해야 한다.

배치 전략은 'ㄷ'자 배치, 칸막이형, 시야 차단이 우선이다. 책상을 책장으로 둘러싼다. 정면, 좌우에 책장을 두면 시야에 책만 들어온다. 침대가 보이지 않게, 창밖이 보이지 않게. 독서실처럼 만드는 것이다.

침대는 책상에서 최대한 멀리 둔다. 책상과 침대 사이에 책장을 세워서 시각적으로 차단한다. 책상 앞에 앉으면 침대가 안 보이게 한다.

창문은 측면이나 등 뒤로 둔다. 정면에 창문을 두지 않는다. 창밖 움직임이 주의를 끌기 때문이다. 문도 마찬가지다. 책상을 문 정면에 놓지 않는다. 문 열릴 때마다 신경 쓰인다. 측면에 두는 게 낫다.

타협해야 할 것은 개방감과 여유 공간이다. 'ㄷ'자 배치는 공간이 많이 필요하다. 동선도 좁아진다. 약간 답답할 수 있는 반면 집중력을 높일 수 있다.

연령별로 적용이 다르다. 초등 저학년은 아직 이른 경우가 많다. 오히려 개방된 공간이 나을 수 있다. 초등 고학년에서 중학생이 가장 효과를 볼 수 있는 시기다. 스스로 공부 습관을 잡을 때다. 고등학생은 이미 습관이 잡혔다면 불필요하고, 습관이 없다면 시도해볼 만하다.

우선순위 2: 수납 공간 확보

책이 엄청 많은 아이, 학습 자료가 계속 늘어나는 아이, 물건이 바닥에 쌓이는 아이, 책상 위가 지저분한 아이, 정리를 못 하거나 안 하는 아이라면 수납을 우선으로 해야 한다.

배치 전략은 수직 공간 활용이 핵심이다. 높은 책장을 벽면 전체에 설치한다. 천장 높이가 2400mm라면 2000mm 높이 책장을 쓴다. 바닥부터 천장 가까이까지 활용한다.

책장 개수를 늘린다. 한쪽 벽에 하나가 아니라 두세 개를 놓는다. 좁더라도 책장을 더 놓는다. 그리고 침대 밑 공간을 활용한다. 침대 밑 서랍이나 수납 박스를 쓴다. 침대를 다리 높은 것으로 선택한다. 300mm 높이 다리면 그 아래 수납 공간이 생긴다.

붙박이장이 있다면 최대한 활용한다. 옷만 넣지 말고 책도 넣는다. 시즌 오프 책, 안 보는 교재, 잡동사니를 넣는다.

책상 위에 선반도 추가한다. 벽면 선반이나 책상 부착형 선반을 달아 수직으로 쌓는다.

타협해야 할 것은 시각적 쾌적함이다. 책장이 많으면 방이 꽉 차 보인다. 약간 압박감이 있지만 바닥은 깨끗하다. 물건이 바닥에 안 쌓인다.

정리를 잘하는 아이는 수납 공간이 적어도 괜찮다. 효율적으로 쓰니까. 반면 정리를 못하는 아이는 수납 공간이 많아도 지저분하다. 이 경우엔 수납보다 정리 습관이 먼저다. 책이 정말 많은 아이는 수납이 최우선이다. 다른 것보다도 수납에 집중한다.

우선순위 3: 형제자매 공유

두 아이가 방 하나를 같이 쓰는 상황도 있다. 나이 차이가 있는 경우, 혹은 한 명은 공부하고 한 명은 놀고 싶어 하는 경우라면 영역 구분이 우선이다.

배치 전략은 영역 구분을 고려해 방을 반으로 나누는 것이다. 세로로 나눌지, 가로로 나눌지는 방 모양에 따라 정한다.

각자 책상을 갖게 한다. 공유 책상은 안 된다. 꼭 싸우게 된다. 작더라도 각자 책상을 둬야 한다. 그리고 파티션을 설치한다. 책장으로 나누거나, 커튼으로 나누거나, 칸막이를 세운다. 그렇게 시각적으로 분리한다.

침대는 2층 침대가 효율적이다. 바닥 공간을 아낄 수 있다.

타협해야 할 것은 개인 공간 크기다. 둘이 나눠 쓰니까 각자 공간이 좁다. 그래도 나눠야 한다. 안 나누면 갈등이 더 크다.

나이 차이별로도 배치 전략이 다르다. 3살 이하 차이면 같은 시간에 공부할 가능성이 높으므로 나란히 책상을 배치하고, 5살 이상 차이면 생활 패턴이 다르므로 완전히 분리하는 게 낫다.

우선순위 4: 성장 대응

아이가 지금 초등학생인데 고등학생 때까지 쓸 계획이거나, 가구를 자주 못 바꾸거나, 한 번 배치하면 몇 년은 유지해야 한다면 성장 대응이 우선이다.

배치 전략은 확장 가능한 모듈 가구를 선택하는 것이다. 책상은 높이 조절이 가능한 것으로 고른다. 초등학생 때는 700mm, 고등학생 때는 750mm로 조절한다. 책장은 추가 가능한 것으로 고른다. 처음에는 2개, 나중에 1개 더 추가한다. 같은 시리즈로 사면 확장하기가 쉽다. 침대는 길이 조절이 가능한 것으로 고르거나, 처음부터 싱글 침대(2000mm)를 산다. 초등학생에게는 크지만 나중에 딱 맞다.

가구 배치도 여유 있게 한다. 빈 공간을 남겨둔다. 나중에 책장이나 수납장을 추가할 공간이다.

타협해야 할 것은 현재 최적화다. 지금 당장은 공간이 남아돈다. 초등학생에게 싱글 침대는 크다. 하지만 이 선택은 미래를 위한 투자다.

연령별 변화를 예측한다. 초등 저학년은 책이 적고 놀이 공간이 필요하다. 초등 고학년은 책이 늘어나고 책상 앞에 앉는 시간이 증가한다. 중학생은 책이 폭발적으로 늘고, 학원 자료가 증가하며, 사적 공간 욕구가 커진다. 고등학생은 최대 수납, 최대 집중력이 필요하고, 침대보다 책상이 중요해진다.

우선순위 5: 경제성

예산이 제한적이거나, 가구를 새로 살 수 없거나, 기존 가구를 활용해야 하거나, 최소 비용으로 최대 효과를 원하는 경우다.

배치 전략은 기존 가구 재배치가 핵심이다. 사지 말고 옮긴다. 침대, 책상, 책장 위치만 바꿔도 효과가 크다. 침대와 책상을 분리하는 것만으로도 집중력이 달라진다.

DIY 수납을 추가한다. 벽면 선반(2만 원대), 책상 밑 정리함(1만 원대), 문 뒤 후크(5천 원) 등 큰 가구를 안 사도 수납이 늘어날 수 있다.

없는 것은 포기한다. 책장이 부족하면 책을 줄이고, 옷장이 부족하면 옷을 줄인다. 공간에 물건을 맞추는 게 아니라 물건을 공간에 맞추는 것이다.

타협해야 할 것은 미적 완성도다. DIY와 재배치는 완벽하지 않다. 약간 어색할 수 있어도 기능은 한다. 공부하는 데 문제없다.

우선순위를 정하는 질문들

"지금 방에서 제일 불편한 게 뭐야?"라고 아이에게 물어보는 게 좋다. 침대가 자꾸 보인다고 하면 집중력을 우선으로, 책 둘 곳이 없다고 하면 수납을 우선으로, 동생이랑 싸운다고 하면 영역 구분을 우선으로 고려한다.

부모 스스로에게도 물어본다. '3년 후에도 이 방을 쓸 건가?' 그렇다면 성장 대응 우선이고, 아니라면 현재 최적화 우선이다. '가구를 새로 살 수 있나?' 그렇다면 이상적인 배치가 가능하고, 아니라면 기존 가구 재배치다. '우리 아이의 가장 큰 문제는?' 집중력 부족이면 시야 차단 배치, 정리를 안 하면 수납 확대 배치, 형제 갈등이면 공간 분리 배치다.

복수 우선순위

한 가지만 선택할 필요는 없다. 두 가지 우선순위를 조합할 수 있다. 다만 불가능한 조합도 있다. 집중력과 개방감은 모순이다. 집중력을 위해서는 시야를 막아야 하는데, 개방감과는 반대다. 최대 수납과 넓은 동선도 양립 불가다. 수납 가구가 많으면 동선이 좁아진다.

종이에 그려보기

앞의 모든 과정을 마쳤다면 이제 마지막 단계다. 우리 집 방을 종이에 그려보는 것이다. 가구를 사기 전에, 배치를 실행하기 전에, 먼저 종이 위에서 시뮬레이션한다. 그러면 실수를 줄일 수 있다.

준비물

A4 용지 1장, 자(30cm), 연필과 지우개, 색연필 3~4개(파랑, 빨강, 회색, 초록)를 준비한다.

축척 정하기

방 크기를 종이에 맞춰서 줄인다. 예를 들어 방이 3600mm × 2700mm라면, A4 용지를 가로로 놓는다. 3600mm를 270mm에 맞추려면 축척이 약 1:13.3이 된다. 계산이 복잡하면 대충 1:15로 잡는다. 그러면 3600mm는 240mm가 되고, 2700mm는 180mm가 된다. 완벽하게 정확할 필요는 없다. 대략적인 비율만 맞으면 된다.

방 윤곽 그리기

연필로 가볍게 직사각형을 그린다. 이게 방 전체 크기다.

고정 요소 표시하기

창문은 파란색으로 표시한다. 창문 위치에 파란색으로 선을 긋는다. 창문을 두껍게 표시해서 "여기는 창문"이라고 명확하게 한다.

문은 빨간색으로 표시한다. 문 위치에 빨간색으로 표시하고, 문이 열리는 방향도 그린다. 안쪽으로 열리면 호^{arc}를 그려서 스윙 영역을 표시한다. 이 스윙 영역 안에는 가구를 못 놓는다. 빨간색으로 빗금 쳐서 "금지 구역"임을 표시한다.

붙박이장은 회색으로 표시한다. 붙박이장이 있으면 사각형을 그리고 내부를 회색으로 칠한다. "붙박이장"이라고 글자를 적어둔다.

콘센트와 조명은 초록색으로 표시한다. 콘센트 위치에 초록색 동그라미를 그리고, 천장 조명 위치에 초록색 'X' 표시를 한다. 이것들도 나중에 배치할 때 중요하다.

가구 그려 넣기

이제 가구를 그려 넣는다. 가구 크기를 축척에 맞춰서 계산한다.

책상(1400mm×600mm)은 축척 1:15를 적용하면 종이 위에서 93mm×40mm가 된다. 침대(2000mm×1000mm)는 133mm×67mm가 된다. 책장(1200mm×300mm)은 80mm×20mm가 된다. 이 크기로 작은 사각형을 여러 개 그린다. 연필로 가볍게 그리고 오려낸다. 오려낸 가구 조각들을 종이 위에 올려놓고 이리저리 움직여본다. '책상을 여기 놓으면 어떨까? 침대는 저기가 좋겠네. 그럼 책장은 이쪽이 좋을까?' 하면서 판단해본다.

배치 시뮬레이션

여러 가지 배치를 시도해본다.

첫 번째 시도로 창가에 침대를 놓아본다. 책상은 문 반대편 벽에 둔다. 그런데 책상 앞에 앉으면 침대가 정면에 보인다. 집중력에 방해가 될 것 같으니 다시 생각한다.

두 번째 시도로 창가에 책상을 놓아본다. 침대는 반대편 벽에 둔다. 그런데 책상과 침대가 너무 가깝다. 손만 뻗으면 침대다. 이것도 별로다.

세 번째 시도로 책상과 침대 사이에 책장을 놓아본다. 침대를 창가에, 책상을 붙박이장 옆에, 그 사이에 책장을 놓으면 시각적 장벽 역할을 한다. 이제 책상 앞에 앉으면 침대가 안 보인다. 좋다. 이 배치로 간다.

동선 확인하기

가구를 배치했으면 동선을 확인한다. 연필로 동선을 그려본다.

문에서 들어와서 침대로 가는 길, 문에서 들어와서 책상으로 가는 길, 책상에서 붙박이장으로 가는 길. 이 동선들이 최소 600mm 이상 확보되는지 확인한다. 종이 위에서는 축척을 적용한 수치 이상이어야 한다. 좁은 곳이 있으면 가구를 살짝 옮겨본다.

체크리스트로 검증하기

배치가 끝나면 체크리스트로 검증한다.

침대와 책상이 분리되어 있는가? 책상 앞에 앉으면 침대가 보이지 않는가? 문 개폐 공간이 확보되었는가? 문이 가구에 부딪히지 않는가? 주 동선이 700mm 이상인가? 편하게 걸을 수 있는가? 책상이 콘센트 근처에 있는가? 전선이 너무 길게 늘어지지 않는가? 창문이 가구에 가려지지 않는가? 자연광이 방 안으로 들어오는가? 붙박이장 문이 열리는가? 붙박이장 앞에 다른 가구가 막고 있지 않은가?

모두 체크되었으면 이 배치로 실행한다. 하나라도 안 되면 다시 그려본다.

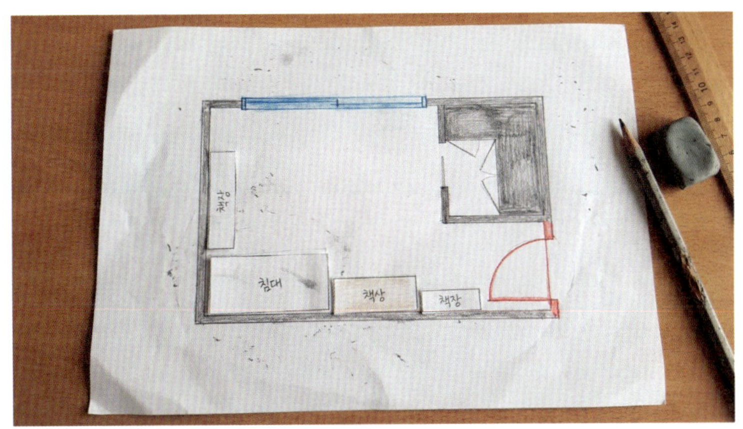

연필로 스케치한 도면

실수 방지 팁

가구 크기를 잘못 측정하는 실수를 범할 수 있다. 그래서 가구 쇼핑 갈 때 줄자를 가져가서 매장에서 직접 재보는 걸 추천한다. 제품 설명서랑 다르게 실제로 재보면 미묘하게 다른 경우가 많다.

동선을 너무 좁게 잡는 실수도 생길 수 있다. 종이에서는 괜찮아 보여도, 막상 배치하면 답답한 경우가 생길 수 있다. 그래서 동선은 여유 있게 잡는다. 600mm보다는 700~800mm로. 책상 높이를 고려하지 않는 실수도 있다. 책상 높이와 창틀 높이를 비교하면서 책상이 창틀에 걸리지 않는지도 확인한다. 전선 길이를 무시하는 실수도 있다. 콘센트에서 책상까지 전선이 어떻게 가는지 상상한다. 너무 길게 늘어지면 위험하다.

실행 전 최종 점검하기

종이에 다 그렸다. 완벽한 것 같다. 이제 실행하면 될까? 딱 하나 최종 단계가 남았다.

사진과 대조하기

앞에서 찍어둔 방 사진을 꺼낸다. 종이 그림과 사진을 비교한다.
"아, 여기 걸레받이가 있었지. 책상이 10mm 떨어질 거야."
"창틀이 약간 튀어나와 있네. 책상을 5cm 더 앞으로 빼야겠다."
이처럼 사진은 놓친 디테일을 잡아준다.

가족 회의

배치안을 가족에게 보여주고, 반드시 아이 의견을 듣는다.
"너는 책상이 창가에 있는 게 좋아? 아니면 벽 쪽이 좋아?"
배우자에게도 묻는다.

"청소하기 편할까? 동선이 복잡하지 않을까?"

혼자 결정하지 않는다. 사용하는 사람의 의견이 중요하다.

단계적 실행 계획

배치는 한 번에 다 바꾸지 않는다. 단계적으로 한다.

1단계(1주차): 기존 가구를 재배치한다. 침대와 책상 위치만 바꾼다. 비용은 들지 않는다. 새 가구 없이 일단 시도한다.

2단계(2주차): 일주일 간 써보며 불편한 점을 파악한다. '동선이 좁네', '책상 위치가 어둡네' 같은 느낌들을 체크한다.

3단계(3~4주차): 부족한 가구를 구입한다. 책장, 스탠드, 수납함 등 필요한 것만 추가한다.

4단계(2개월 차): 미세 조정을 한다. 가구 위치를 살짝 옮긴다. 10~20cm 차이가 편안함을 만들 수 있다.

실패해도 괜찮다

첫 배치부터 완벽할 수 없다. 써봐야 안다. 생각보다 어둡거나 춥거나 답답할 수 있다. 그러면 다시 바꾼다. 가구를 옮기는 건 어렵지 않다. 30분이면 된다. 두려워하지 말고 시도한다. 안 되면 또 바꾼다. 배치는 완성이 아니라 진행형이다.

2장

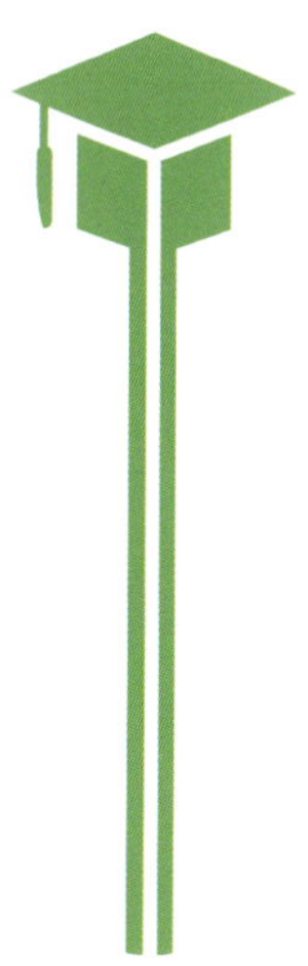

초소형 방: 2.5m 이하의 공간

포기하기 전에

가로 1.8m, 세로 2m. 이 숫자를 보면 대부분의 사람들은 고시원 방이나 원룸의 작은 침실, 혹은 아파트에서 다용도실로 쓰이는 공간을 떠올린다. '공부방'이라는 단어가 먼저 떠오르는 사람은 거의 없을 것이다.

싱글 침대 하나의 크기가 2000mm×1000mm다. 이 침대를 놓으면 방의 절반이 사라지고, 남은 공간에 책상을 놓으면 사람이 들어갈 틈이 없어진다. 그래서 많은 부모들이 배치를 포기한다. 방이 너무 작으니 어쩔 수 없다고 생각하는 것이다.

하지만 잠시 생각해보자. 앞에서 이야기한 동작 공간을 떠올려보면, 침대에 눕기 위해 필요한 공간은 500mm이고 책상 앞에 앉기 위해 필요한 공간은 900mm였다. 만약 이 동작 공간들을 겹칠 수 있다면 어떻게 될까? 그리고 여기에 한 가지 발상의 전환을 더한다면 어떨까? 바로 수평이 아니라 수직으로 생각하는 것이다.

초소형 공간에서는 바닥 면적이 아니라 부피로 생각해야 한다. 천장까지의 높이가 2.3m라면, 그것이 우리가 실제로 가진 공간이다. 바닥만 보면 절망적이지만, 위를 올려다보면 가능성이 열린다.

초소형 공간의 범위

여기서 말하는 초소형은 가로 또는 세로 중 한 변이 2.5m 이하인 공간을 의미한다.

구체적인 수치로 살펴보면, 1800mm×2000mm는 3.6m²로 약 1.1평에 해당하고, 2000mm×2400mm는 4.8m²로 약 1.5평이며, 2500mm×2500mm는 6.25m²로 약 1.9평 정도다. 원룸의 분리된 침실이나 고시원 방, 아파트의 극소형 방이 여기에 해당한다. 뒤에서 다룰 일반 방 크기가 3050mm×4170mm로 12.7m²인 것과 비교하면, 절반에도 미치지 못하는 크기다.

이 정도 크기의 공간에 침대와 책상, 옷장을 모두 바닥에 놓는 것은 물리적으로 불가능하다. 그래서 전략이 필요하다. 크게 세 가지 방법이 있는데, 각각의 방법은 서로 다른 생활 방식을 전제로 한다.

첫 번째 전략: 침대 없는 공부방

가장 과감한 선택은 침대를 포기하는 것이다. 이 방을 공부방으로 쓸 것인지, 침실로 쓸 것인지 먼저 결정해야 한다. 초소형 공간에서는 둘 다를 완벽하게 갖추는 것이 불가능하기 때문이다. 공부가 우선이라면 침대를 빼고, 대신 바닥에 요를 깔아서 자는 방식을 선택해야 한다.

배치 방법

창가 벽면에 1400mm×600mm 크기의 책상을 놓고, 반대편 벽면에는 폭 600mm, 높이 2000mm의 높은 책장을 세운다. 문 옆에는 깊이 450mm의 슬림형 옷장을 배치하면, 남은 바닥 공간이 약 1400mm×1000mm 정도 확보된다. 이 공간이 수면 공간이 된다.

낮에는 요를 개어서 옷장에 넣어두고, 밤에만 펴서 잔다. 일본에서 흔히 볼 수 있는 생활 방식인데, 좁은 공간을 효율적으로 쓰기 위해 수백 년에 걸쳐 발전해온 지혜다.

이 배치의 효과

침대가 없으니 침대의 유혹도 없다. 공부하다가 피곤해서 침대로 향하는 일 자체가 원천적으로 불가능해진다. 눕고 싶으면 옷장을 열고, 요를 꺼내고, 바닥에 펴야 한다. 이 일련의 과정이 귀찮기 때문에 쉽게 눕지 않게 된다. 재수생이나 중요한 시험을 앞둔 학생에게 특히

침대 없는 공부방

효과적인 방식이다.

또한 아침에 일어나 요를 개는 행위가 하루를 시작하는 의식이 되고, 저녁에 요를 펴는 행위가 하루를 마무리하는 의식이 된다. 이렇게 생활에 명확한 리듬이 생기면, 공부 시간과 휴식 시간의 경계도 분명해진다.

단점과 해결책

매일 요를 개고 펴야 하는 번거로움이 있다. 처음에는 귀찮게 느껴지지만, 실제로 해보면 5분이면 끝나는 일이다. 일주일 정도 지나면 몸이 자동으로 움직이게 되고, 한 달이 지나면 아무렇지도 않게 된다.

다만 좋은 요와 매트리스를 선택하는 것이 중요하다. 바닥이 딱

딱하면 허리가 아프고 수면의 질이 떨어진다. 요즘은 바닥용 고급 매트리스가 다양하게 나와 있고, 접어서 보관할 수 있는 3단 접이식 매트리스도 있어서 선택의 폭이 넓다.

두 번째 전략: 로프트 베드

두 번째 방법은 수직으로 생각하는 것이다. 침대를 공중에 띄우는 방식이다. 로프트 베드는 침대가 높이 1400mm 정도에 위치하고, 그 아래 공간을 책상으로 사용하는 구조다. 바닥 면적 2m²로 침대와 책상을 모두 해결할 수 있어서 초소형 공간에서 가장 효율적인 선택이 될 수 있다.

배치 방법

한쪽 벽에 2000mm×1000mm 크기, 높이 1800mm의 로프트 베드를 설치한다. 침대 아래에는 1400mm×600mm 크기의 책상을 넣고, 로프트 베드 다리 부분에 선반을 설치하면 수납 공간도 확보된다. 반대편 벽에는 슬림형 옷장을 놓으면 기본적인 배치가 완성된다.

이 배치의 효과

침대와 책상이 완전히 분리된다. 책상 앞에 앉아 있을 때 침대는 머리 위에 있어서 시야에 전혀 들어오지 않는다.

책상 공간이 작은 동굴처럼 느껴지는 것도 장점이다. 주변이 어느 정도 막혀 있어서 집중하기 좋은 환경이 만들어진다. 아이들은 이런 공간을 특히 좋아하는데, "비밀 기지 같다"고 표현하는 경우가 많다. 좁은 공간이 오히려 아늑함과 안정감을 주는 것이다.

수치로 보면, 바닥 면적 1.4m²에 침대와 책상이 모두 들어가므로, 실질적으로는 2.8m²를 사용하는 효과가 있다. 초소형 공간에서 이 정도의 효율성은 다른 방법으로는 얻기 어렵다.

주의할 점

안전이 가장 중요하다. 침대에서 떨어질 위험이 있기 때문에 안

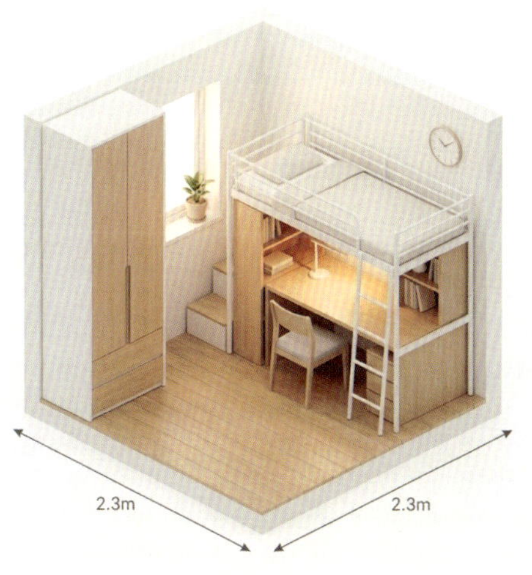

로프트 베드

전 난간이 최소 400mm 이상이어야 하고, 벽에 단단히 고정해서 흔들리지 않도록 해야 한다. 특히 잠을 자다가 뒤척이는 습관이 있는 아이라면 난간 높이를 더 높게 하는 것이 좋다.

천장 높이도 반드시 확인해야 한다. 한국 아파트의 천장이 보통 2300mm인데, 침대 바닥이 1400mm 높이에 있다면 침대 위 공간은 900mm밖에 되지 않는다. 앉아서 머리가 천장에 닿지 않으려면 최소 900mm는 필요하므로, 천장이 낮은 집이라면 침대 높이를 그에 맞춰 낮춰야 한다.

여름철 더위도 고려해야 할 문제다. 더운 공기는 위로 올라가는 성질이 있어서, 천장에 가까운 침대는 아래쪽보다 체감 온도가 높다. 작은 선풍기를 침대 근처에 설치하거나, 천장 선풍기를 다는 것으로 이 문제를 해결할 수 있다.

세 번째 전략: 접이식 가구

세 번째 방법은 공간이 시간에 따라 변신하도록 만드는 것이다. 낮에는 공부방으로 쓰고, 밤에는 침실로 쓴다. 같은 공간이 시간대에 따라 다른 용도로 사용되는 것이다. 이것을 가능하게 하는 것이 접이식 가구, 특히 머피 베드라고 불리는 벽면 수납 침대다.

배치 방법

벽에 접이식 침대를 설치하면, 침대가 접혔을 때 벽에 붙어서 두께 300mm 정도만 차지한다. 침대가 접혀 있는 동안에는 그 앞의 바닥 공간을 자유롭게 사용할 수 있다. 여기에 책상을 놓거나, 책상도 접이식으로 해서 필요할 때만 펼쳐 쓰는 방법이 있다.

이 배치의 효과

낮 시간에는 침대가 시야에서 완전히 사라진다. 첫 번째 전략인 침대 없는 공부방과 같은 효과를 얻을 수 있는 것이다. 침대가 없는 것처럼 느껴지니 공부에 집중하기 좋다.

밤에는 책상을 치우고 침대를 내려서 푹신한 침대에서 잘 수 있다. 바닥에 까는 요와 비교하면 수면의 질이 확실히 좋다. 허리가 좋지 않거나, 바닥에서 자는 것이 불편한 사람에게 적합한 방식이다.

매일 침대를 접고 펴는 행위가 생활의 리듬을 만든다는 점도 중요하다. 아침에 침대를 올리는 것이 "오늘 하루를 시작한다"는 신호가 되고, 저녁에 침대를 내리는 것이 "이제 하루를 마무리한다"는 신호가 된다. 이런 물리적인 행위가 심리적인 전환을 돕는다.

주의할 점

접이식 침대는 설치가 무엇보다 중요하다. 벽에 단단히 고정해야 하는데, 석고보드 벽에는 설치하기가 어렵다. 콘크리트 벽이 있어야 하거나, 석고보드 벽이라면 보강 작업이 선행되어야 한다. 설치 전에 반드시 벽의 구조를 확인해야 하고, 전문 업체에 의뢰하는 것이 안전하다.

가격도 고려해야 할 요소다. 접이식 침대는 일반 침대의 두세 배 가격이다. 하지만 공간을 확보하는 효과를 생각하면 충분히 가치가 있는 투자일 수 있다. 초소형 공간에서 쓸 수 있는 면적이 두 배로 늘어나는 것이나 마찬가지이기 때문이다.

초소형 공간의 공통 원칙

앞에서 설명한 세 가지 전략 모두에 적용되는 공통 원칙이 있다.

벽을 최대한 활용한다

바닥은 이미 꽉 찼다. 더 이상 바닥에 무언가를 놓을 여유가 없다. 남은 것은 벽이다. 벽면 전체를 수납 공간으로 생각하는 발상의 전환이 필요하다.

페그보드를 벽에 설치하면 가방이나 모자, 문구류를 걸어둘 수 있다. 선반을 여러 개 촘촘하게 달면 책을 꽂을 공간이 생긴다. 선반의 세로 간격을 300mm로 하면 일반적인 책을 꽂기에 충분하다. 문 뒤 공간에도 옷걸이를 달 수 있다. 초소형 공간에서는 1cm의 공간도 아깝게 여겨야 한다.

슬림형을 선택한다

일반 옷장의 깊이는 600mm다. 하지만 초소형 공간에서 이것은 사치다. 450mm 깊이의 슬림형 옷장으로도 옷을 수납하기에 충분하고, 이렇게 하면 150mm를 아낄 수 있다. 150mm가 별것 아닌 것 같지만, 초소형 공간에서는 사람이 지나다닐 수 있느냐 없느냐를 결정하는 차이가 된다.

책상도 마찬가지다. 일반 책상 깊이가 600mm인데, 450mm 깊이의 책상을 쓰면 공부하는 데 전혀 지장이 없으면서도 공간을 아낄 수 있다. 노트북과 책 한두 권을 펴놓기에 450mm면 충분하다.

밝은색을 쓴다

어두운색은 공간을 좁아 보이게 만든다. 흰색이나 아이보리, 연한 나무색처럼 밝은색이 좋다. 가구도 벽도 밝은색으로 통일하면 같은 크기인데도 훨씬 넓어 보이는 효과가 있다. 시각적인 답답함을 줄이는 것이 초소형 공간에서는 특히 중요하다.

물건을 줄인다

초소형 공간에서는 물건이 조금만 늘어도 금방 어질러진다. 미니멀한 생활이 선택이 아니라 필수가 된다. 1년 이상 입지 않은 옷은 과감하게 버리고, 새것을 하나 사면 오래된 것 하나를 버리는 원칙을 세우는 것이 좋다. 매일 자기 전 5분간 정리하는 습관을 들이면 방이 항상 깔끔하게 유지된다. 이것은 단순히 정리의 문제가 아니라 초소형 공간에서 살아남기 위한 생존 전략이다.

초소형 공부방

초소형 공간의 숨은 장점

작은 방에 단점만 있는 것은 아니다. 오히려 작은 방이기 때문에 얻을 수 있는 장점도 있다.

집중하기 좋다

시야에 들어오는 것이 적으면 자극도 적다. 자극이 적으면 주의가 분산되지 않는다. 독서실의 칸막이 안이 집중이 잘 되는 것과 같은 원리다. 넓은 방에서 이런저런 물건들이 눈에 들어오면 마음이 산란해지기 쉽지만, 초소형 공간에서는 그럴 여지가 없다.

정리가 쉽다

물건을 둘 곳이 없으니 물건이 늘지 않는다. 정리할 것 자체가 적다. 넓은 방을 정리하려면 한 시간이 걸리지만, 초소형 공간은 5분이면 방 전체를 정리할 수 있다. 이것은 정리 정돈을 힘들어하는 아이에게 오히려 좋은 환경이 될 수 있다.

관리가 편하다

청소도 금방 끝나고, 환기도 빨리 된다. 냉난방 효율도 좋아서 여름에 에어컨을 틀면 금방 시원해지고, 겨울에 난방을 하면 금방 따뜻해진다. 관리에 들어가는 시간과 에너지가 절약되는 것이다.

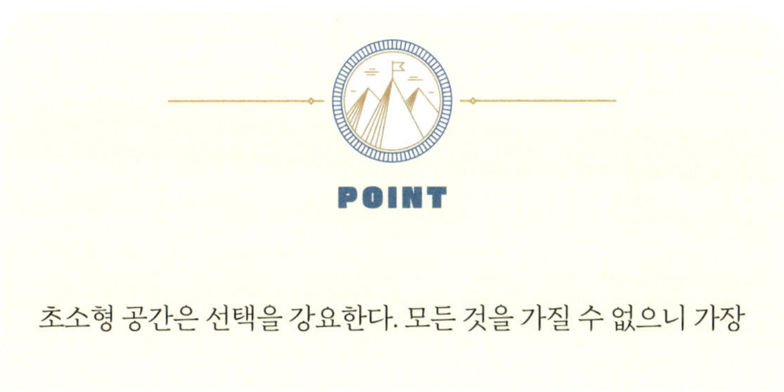

초소형 공간은 선택을 강요한다. 모든 것을 가질 수 없으니 가장

중요한 것을 골라야 한다. 이것이 어렵게 느껴질 수 있지만, 역설적으로 오히려 명확함을 가져다준다.

공부가 우선이라면 침대를 희생하고, 수면의 질이 우선이라면 책상을 작게 한다. 둘 다 필요하다면 수직으로 쌓는다. 선택지가 제한되어 있기 때문에 무엇이 정말 중요한지 분명하게 드러난다.

결국 공간의 크기가 중요한 것이 아니다. 그 공간을 어떻게 쓰느냐가 중요하다. 1평짜리 방도 지혜롭게 쓰면 충분히 훌륭한 공부방이 될 수 있다. 좁은 공간이 문제가 아니라, 좁은 공간에 맞지 않는 생각이 문제인 것이다.

3장

일반 방: 세로 3.5m에서 4.5m 사이의 공간

분리가 가능해지는 크기

앞에서 다룬 초소형 방에서는 침대와 책상이 바로 옆에 붙어 있었다. 공부하다가 고개만 돌리면 침대가 보였다. 그래서 집중력을 유지하기 어려운 환경이었다. 로프트 베드나 접이식 침대로 해결책을 찾았지만, 근본적인 한계가 있었다.

일반 방은 다르다. 여기서 말하는 일반 방은 세로 3.5~4.5m, 가로 2.8~3.5m 정도의 공간으로, 침대와 책상을 물리적으로 떼어놓을 수 있다. 이것이 결정적인 차이다.

환경심리학에서는 이를 '영역의 분리'라고 부른다. 잠자는 영역과 공부하는 영역이 명확하게 구분되면, 뇌는 각 영역에서 해야 할 행동을 자동으로 인식한다. 책상 앞에 앉으면 공부 모드로, 침대에 누우면 수면 모드로 전환된다. 두 영역이 섞여 있으면 이 전환이 일어나지 않는다. 침대에서 공부하려 하고, 책상에서 졸게 된다.

일반 방에서 가장 중요한 목표는 이 분리를 제대로 만드는 것이다. 단순히 가구를 배치하는 것이 아니라 공부하는 동안 침대가 시야에서 사라지게 해야 한다.

일반 방의 범위

구체적인 수치로 보면, 3500mm×2800mm는 9.8m²로 약 3평이고, 4000mm×3000mm는 12m²로 약 3.6평이며, 4500mm×

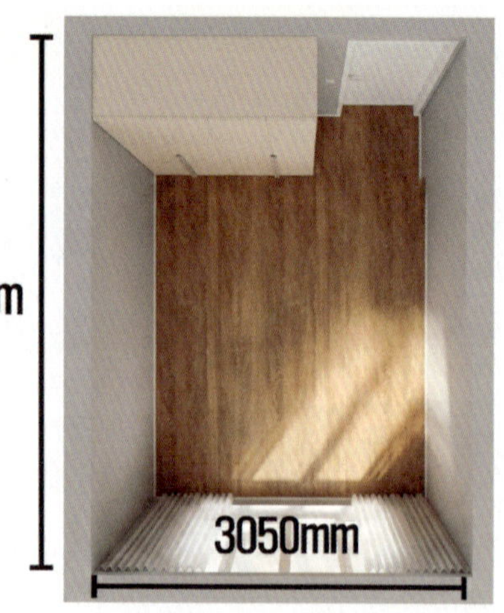

일반적인 크기의 방 모습

3500mm는 15.75m²로 약 4.8평 정도다. 앞에서 다룬 초소형 방이 최대 6.25m²였던 것과 비교하면 거의 두 배 이상의 면적이다.

이 정도 크기가 되면 싱글 침대, 책상, 책장, 옷장을 모두 배치하고도 가구 사이에 상당한 거리를 확보할 수 있다. 이 거리가 학습 환경의 질을 결정한다.

핵심 원칙: 책상에서 침대가 보이지 않게

일반 방 배치의 핵심 원칙은 단순하다. 책상 앞에 앉았을 때 침대가 시야에 들어오지 않게 하는 것이다.

시야각 120도의 의미

사람의 시야각은 수평으로 약 120도다. 정면을 바라볼 때 좌우로 60도씩 보인다. 이 120도 안에 들어오는 것들은 의식하지 않아도 뇌가 처리한다. 집중하려고 해도 주변 시야에 있는 물체들이 계속 뇌에 신호를 보낸다.

신경과학에서는 이를 '주변 시야 처리peripheral vision processing'라고 부른다. 중심 시야로 책을 보고 있어도, 주변 시야에 잡히는 침대는 뇌의 일부 자원을 계속 소모한다. 마치 컴퓨터의 백그라운드 프로그램처럼, 보이지 않는 곳에서 에너지를 쓰고 있는 것이다.

심리학자 로이 바우마이스터의 연구에 따르면, 의지력은 근육과 같아서 쓰면 쓸수록 피로해진다. 이를 '자아 고갈'이라는 개념으로 불린다는 걸 우리는 앞에서 봤다.

침대가 시야에 있으면 어떤 일이 벌어질까. 아이는 공부하면서 동시에 '침대로 가고 싶다'는 충동을 억누른다. 한두 번은 괜찮지만 이 억누름이 수십 번, 수백 번 반복되면 의지력이 바닥난다. 결국 "잠깐만 누울게"라며 침대로 향한다.

반대로 침대가 시야에 없으면 어떨까. 억누를 충동 자체가 없다. 의지력을 아낄 수 있다. 그 에너지를 공부에 쓸 수 있다.

환경 설계의 힘

행동경제학에서는 이를 '선택 설계choice architecture'라고 부른다. 사람들이 더 나은 선택을 하도록 환경을 설계하는 것이다. 구글 본사의 구내식당은 샐러드를 눈높이에 맞춰서 배치하고, 디저트는 구석에 배치한다. 직원들에게 "샐러드를 먹어라"고 강요하지 않는다. 환경이 자연스럽게 건강한 선택을 유도한다.

공부방도 마찬가지다. 아이에게 "침대 쳐다보지 마"라고 말하는 것은 효과가 없다. 대신 침대가 보이지 않는 환경을 만들어주면 된다. 강요 없이, 잔소리 없이, 아이는 자연스럽게 공부에 집중하게 된다.

120도 밖으로 보내기

따라서 배치의 목표는 침대를 시야각 120도 밖으로 보내는 것이다. 구체적으로 말하면, 책상 앞에 앉았을 때 침대가 등 뒤에 있어야 한다. 정면도 안 되고, 측면도 안 된다. 완전히 등 뒤에 있어야 시야에서 사라진다.

초소형 방에서는 이것이 불가능했다. 공간이 좁아서 어떻게 배치해도 침대가 시야에 들어왔다. 로프트 베드나 접이식 침대로 해결책을 찾았지만, 근본적인 한계가 있었다.

일반 방은 다르다. 공간의 여유가 있다. 이 여유를 활용하면 침대와 책상을 완전히 분리할 수 있다. 책상 앞에 앉으면 침대가 존재하지 않는 것처럼 느껴지는 환경, 그것이 일반 방에서 만들 수 있는 이상적인 공부 환경이다.

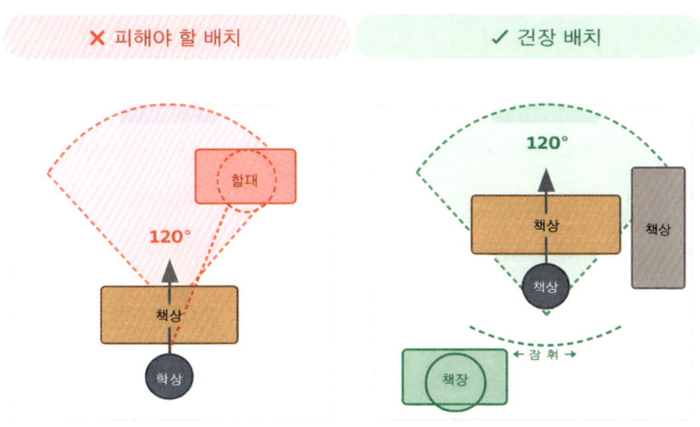

시야각 120도 원칙

첫 번째 배치: 'ㅏ'자 동선형

배치의 기본 구조

좁은 방의 배치에도 순서가 있다. 가장 먼저 고려해야 할 것은 침대다. 방에 들어가는 요소 중 부피가 가장 크기 때문이다. 큰 가구부터 위치를 정하고, 나머지를 그 사이에 배치하는 것이 공간 활용의 기본이다.

침대는 문 쪽보다 안쪽에 위치해야 수면 시에 안정감을 느낄 수 있다. 사람은 본능적으로 출입구에서 멀리 떨어진 곳에서 잠을 자려 한다. 동굴에서 살던 시절의 유전자가 아직 우리 안에 남아 있는 것이다. 출입구 가까이에서 자면 무의식적으로 경계 상태가 유지되어 수면의 질이 떨어진다. 그래서 침대는 창가 쪽, 방의 가장 안쪽으로 배치한다.

방 크기가 세로 4170mm × 가로 3050mm인 경우를 기준으로 설명하겠다. 이 크기는 한국 아파트에서 가장 흔한 일반 방의 크기다.

싱글 침대(2000mm × 1000mm)를 창문이 있는 짧은 벽면에 세로로 배치한다. 침대 머리가 긴 벽 쪽을 향하게 한다. 이렇게 하면 침대가 방의 오른쪽 안쪽 코너를 차지하게 된다. 그리고 문 옆 벽면에는 붙박이장이 있다고 가정하자. 한국 아파트의 작은 방에는 대부분 붙박이장이 기본으로 설치되어 있다. 일반적으로 붙박이장의 폭은 1800~2000mm 정도다. 붙박이장은 이미 고정되어 있으므로 움직일 수 없다. 나머지 가구들은 이 붙박이장을 기준으로 배치해야 한다.

책상과 책장의 위치

이제 핵심인 책상과 책장의 위치를 정할 차례다. 침대와 붙박이장 사이에 있는 가운데 공간이 학습 영역이 된다.

여기서 중요한 원칙이 있다. 앞서 말한 '책상에서 침대가 보이지 않게' 하는 것이다. 책상을 어떻게 배치해야 침대가 시야 밖으로 나갈까? 답은 책상을 침대와 수직으로 배치하는 것이다. 책상의 긴 면이 침대의 긴 면과 만나도록 한다. 1400mm 폭의 책상을 침대 옆면에 붙이면, 아이가 책상 앞에 앉았을 때 침대가 정면 아래쪽에 위치하게 된다.

왜 수직 배치가 효과적일까? 아이가 책상 앞에 앉아 정면을 바라보면, 시야각 120도 안에는 책상 위의 책과 벽면만 들어온다. 침대는 책상의 높이보다 낮게 위치하므로 시야에서 벗어난다. 책상 앞쪽 위에 책꽂이를 두게 되면 일어서서 보지 않는 한 침대가 보이지 않는다.

책장(1600mm×300mm)은 책상 측면, 붙박이장 쪽 벽면에 배치한다. 높이는 1200mm 정도가 적당하다. 너무 높으면 답답해 보이고, 너무 낮으면 수납 공간이 부족하다. 1200mm 높이의 책장은 앉아 있는 아이의 어깨높이 정도여서 시각적 압박감이 없다.

'ㅏ'자 동선의 효율성

이 배치에는 핵심 원리가 숨어 있다. 의자를 사용하기 위한 공간과 옷장을 사용하기 위한 공간, 이 두 공간이 겹쳐진다는 점이다.

의자를 빼고 앉으려면 책상 뒤로 약 700mm의 공간이 필요하다.

붙박이장 문을 열고 옷을 꺼내려면 옷장 앞으로 약 600mm의 공간이 필요하다. 이 두 공간을 따로 확보하면 방이 좁아진다. 하지만 이 배치에서는 두 공간이 겹쳐진다. 의자를 빼는 공간이 곧 옷장을 사용하는 공간이 된다.

동선의 효율성 관점에서 보면, 방문에서 창가까지 시원하게 연결되는 직선 동선이 만들어진다. 그 동선으로 가는 길의 오른쪽으로 책상에 진입할 수 있고, 왼쪽으로 붙박이장에도 접근할 수 있다. 동선들이 겹치다 보니 'ㅏ'자 형태가 된다. 'ㅏ'자 동선은 좁은 방에서 가

'ㅏ'자 동선형 구조

장 기본적이고 효율적인 배치다. 공간 낭비 없이 모든 가구에 접근할 수 있으면서도, 가운데 동선이 확보되어 답답하지 않다.

이 배치가 집중력에 주는 효과

첫 번째 배치의 가장 큰 장점은 침대와 책상이 명확하게 분리된다는 점이다.

책상 앞에 앉으면 침대에 의자 주변이 아니라 옆으로 돌아서 가야 한다. 공부하다가 피곤해도 침대로 바로 쓰러지기 어렵다. 침대로 가려면 의자를 뒤로 빼고, 몸을 90도 이상 돌려 일어나야 한다. 이 작은 동선의 차이가 침대의 유혹을 줄이는 데 효과적이다.

앞서 이를 '마찰'이라는 개념으로 설명한 바 있다. 어떤 행동을 하

'ㅏ'자 배치형 방

기까지의 단계가 많아지면, 그 행동을 할 확률이 낮아진다. 침대가 바로 옆에 있으면 마찰이 거의 없다. 손만 뻗으면 닿는다. 하지만 침대가 뒤쪽에 있고, 일어나서 돌아가야 한다면 마찰이 생긴다. 이 마찰이 충동적인 행동을 막아준다.

이 배치의 문제점

하지만 이 배치에도 한 가지 해결해야 할 문제가 있다. 방문을 열었을 때 책상이 바로 보인다는 점이다. 더 정확히 말하면, 앉아 있는 아이의 등이 보인다. 앞에서도 여러 차례 강조했지만 책상은 등을 보이는 게 아니라 측면이나 정면에서 사람들이 들어오는 게 보이도록 해야 한다.

해결책: 책상 방향 돌리기

가장 쉬운 해결 방법은 책상의 방향을 돌리는 것이다. 책상을 벽면에 붙이고 침대와 나란히 책장을 놓는 방법이다.

구체적으로 설명하면, 책상을 90도 돌려서 긴 면이 벽에 붙도록 한다. 이렇게 하면 아이는 벽을 보고 앉게 되고 방문이 아이의 측면에 위치하게 된다. 등 뒤가 아니라 옆쪽에서 사람이 들어오게 되는 것이다.

다만 이 변형 배치에서는 침대가 책상의 측면에 위치하게 된다. 원래 배치보다 침대가 시야에 들어올 가능성이 약간 높아진다. 하지만 여전히 정면은 아니므로, 집중력에 큰 영향을 주지는 않는다. 책장

책상의 방향을 벽쪽으로 회전한 모습

책상의 방향을 벽 쪽으로 회전한 모습

의 크기와 길이에 따라 침대로 가는 과정에서의 마찰을 높일 수 있다.

두 번째 배치: 'T'자 동선형

다른 접근 방식

첫 번째 배치가 'ㅏ'자 동선이었다면, 두 번째 배치는 'T'자 동선이다. 방문을 열고 들어왔을 때 긴 벽면 쪽에 책상을 붙여서 벽을 보고 앉는 구조다.

배치의 구조

같은 방 크기(세로 4170mm × 가로 3050mm)를 기준으로 설명하겠다.

책상(1400mm)을 왼쪽 긴 벽면에 붙인다. 아이는 벽을 정면으로 보고 앉게 된다. 책장은 창가 쪽 짧은 벽면에 세로로 배치한다. 키 큰 책장이 창가 쪽으로 붙기 때문에 자연광을 받아 밝게 보이고, 방에 들어설 때 쏟아지는 느낌이 없다. 침대(2000mm × 1000mm)는 오른쪽 벽면을 따라 세로로 배치한다. 침대 머리가 창 쪽을 향한다.

방문에서 들어와 직진하면 창가까지 갈 수 있다. 이것이 'T'자의 세로 획이다. 창가 앞에서 좌우로 보면 왼쪽에 책상, 오른쪽에 침대가 있다. 이것이 'T'자의 가로 획이다.

벽면형 배치 구조

이 배치가 집중력에 주는 효과

이 배치의 핵심은 아이가 벽을 보고 앉는다는 점이다. 정면에 벽이 있으면 시야가 극도로 제한된다. 마치 독서실 칸막이 안에 있는 느낌이다. 창문이 정면에 있으면 밖을 내다보느라 집중이 흐트러질 수 있지만 벽이 정면에 있으면 그런 유혹이 없다.

방문을 열고 들어왔을 때 책상이 측면으로 보인다는 장점도 있고, 침대 머리 위치도 방문과 멀어서 수면 시 안정감이 든다.

벽면형 배치 방

이 배치의 단점

사실, 이 배치는 집중력 관점에서 최선은 아니다. 가장 큰 문제는 침대가 아이의 바로 뒤에 있다는 점이다. 의자를 뒤로 빼고 돌아서면 바로 침대다. 동선 하나만 건너면 닿는 거리다. 첫 번째 배치에서는 침대가 측면 뒤쪽에 있어서 가려면 꽤 돌아가야 했다. 이 배치에서는 마찰이 훨씬 적다. 공부를 하다가 '잠깐만 누울까' 하는 유혹이 들 때, 두세 걸음 거리의 침대는 꽤 강한 유혹이다. 의지력이 약한 아이에게는 이 배치가 불리할 수 있다.

또한 침대가 완전히 시야 밖에 있는 것도 아니다. 고개를 살짝만 돌려도 침대가 보인다. 시야각 120도 바로 바깥 정도에 위치한다. 피곤할 때는 무의식적으로 고개가 돌아갈 수 있다.

그렇다면 이 배치는 언제 유용한가? 방의 구조상 첫 번째 배치가 불가능할 때, 또는 아이가 벽면을 보고 앉는 것을 선호할 때 차선책으로 선택할 수 있다.

변형: 독서실형 배치

침대가 뒤에 보이는 것이 신경 쓰인다면, 책장을 이용해 시야를 차단할 수 있다. 책장을 창가 벽이 아니라 책상 옆에 수직으로 세우는 것이다. 책상과 침대 사이에 책장이 서서 파티션 역할을 한다. 이렇게 하면 독서실처럼 양옆이 막힌 느낌이 된다. 문을 열고 들어왔을 때 책장의 뒷모습이 보이므로 답답할 수 있다. 하지만 깊은 집중이 필요한 수험생에게는 효과적인 배치다. 문 앞쪽에 여유 공간이 생기

벽면형의 독서실형 배치 방

므로, 여학생의 경우에는 작은 화장대나 거울을 설치할 수 있다. 단, 거울은 책상에서 보이지 않는 위치에 두는 게 좋다.

세 번째 배치: 창가 추위 대응형

세 번째 방법은 창가가 너무 추워서 창가 쪽에 침대를 놓고 쓸 수 없는 경우다. 특히 오래된 아파트라 창가 쪽 단열이 잘 안 되어 있어 추울 때는 어떻게 해야 할까?

현실적인 제약

지금까지의 배치들은 침대를 창가 쪽에 배치했다. 방의 가장 안쪽, 출입구에서 가장 먼 곳에 침대를 두는 것이 수면의 질에 좋기 때문이다. 하지만 현실에서는 이 원칙을 따를 수 없는 경우가 있다.

오래된 아파트의 경우 창가 쪽 단열이 잘 안 되어 있다. 겨울철에 창문 근처는 냉기가 스며든다. 이런 방에서 창가에 침대를 두면 아이가 추위에 시달린다. 감기에 걸리기 쉽고, 수면의 질도 떨어진다. 아무리 좋은 배치 원칙도 건강보다 우선할 수는 없다. 이럴 때는 침대를 창가에서 떨어뜨려야 한다. 그러면 책상이 창가로 가게 된다. 공부할 때 잠깐 춥더라도, 잠잘 때 밤새 추운 것보다는 낫다.

배치의 구조

세 번째 배치는 창가 추위에 대응하는 배치다.

책상(1200mm)을 창가 쪽 짧은 벽면 구석에 배치한다. 아이는 창문을 등지고 앉게 된다. 자연광이 등 뒤에서 들어와 책상 위를 비춘다. 글씨를 쓸 때 손 그림자가 지지 않아 좋다.

책장(700mm)은 책상 뒷편, 창가 쪽 벽면과 의자 뒷편에 배치한다. 아이가 뒤로 돌면 책장이 보인다. 필요한 책을 바로 꺼낼 수 있는 거리다. 침대(2000mm×1000mm)는 책상 바로 옆, 긴 벽면을 따라 배치한다. 침대 머리가 창에서 떨어진 쪽을 향한다. 이렇게 하면 창가의 냉기를 피할 수 있다. 붙박이장(폭 600mm×1800mm)은 문 옆 벽면에 있다.

이 배치의 문제점

이 배치는 집중력 관점에서는 가장 불리하다.

가장 큰 문제는 침대가 책상 바로 옆에 있다는 점이다. 손만 뻗으면 침대에 닿는다. 의자에서 일어나지 않아도 침대에 몸을 던질 수 있는 거리다. 마찰이 거의 없다. 앉은 자리에서 옆으로 쓰러지면 된다. 피곤할 때 이 유혹을 이기기 어렵다.

게다가 침대가 시야 안에 있다. 시야각 120도의 측면에 침대가 위치한다. 정면은 아니지만, 주변 시야에 계속 잡힌다. 앞에서 다룬 초소형 방과 비슷한 상황이다. 공간은 더 넓지만, 배치의 한계로 침대가 시야에서 벗어나지 못한다.

또 하나의 문제가 있다. 방에서 가장 큰 덩치인 침대가 한가운데 놓여 있으니 개방감이 떨어진다. 방에 들어섰을 때 답답하게 느껴진다. 시각적으로도 심리적으로도 압박감이 있다.

해결책: 파티션으로 영역 분리

이 배치를 선택할 수밖에 없다면, 파티션으로 보완해야 한다.

침대와 책상 사이에 파티션을 설치한다. 높이 1200mm 정도의 파티션이면 앉아 있을 때 침대가 보이지 않는다. 파티션이 시각적 차단막 역할을 한다. 파티션 소재는 불투명한 것이 좋다. 반투명 파티션은 뒤의 형체가 어렴풋이 보여서 차단 효과가 떨어진다. 완전히 막힌 파티션이어야 침대의 존재를 잊을 수 있다.

파티션으로 분리한 모습

붙박이장이 문 쪽 벽면에 없는 경우

붙박이장이 문 쪽 벽면에 없는 경우의 배치를 살펴보자. 지금까지는 붙박이장이 문 옆 벽면에 있는 경우를 다뤘다. 한국 아파트의 작은 방 대부분이 이런 구조다. 하지만 붙박이장이 문 반대편 벽면에 있는 경우도 있다. 또는 붙박이장 대신 일반 옷장을 쓰는 방도 있다. 이런 경우에는 가구 배치를 더 다양하게 해볼 수 있다.

붙박이장이 문 쪽 벽면에 없는 경우

배치의 구조

먼저 출입문의 정면으로 침대를 세로로 배치한다. 침대가 창가 쪽 긴 벽면을 따라 놓이고, 침대 발끝이 창 쪽을 향한다. 반대편 벽에는 긴 벽을 따라 붙박이장을 안쪽(창가 쪽)으로 놓고, 옆으로 책상과 책장을 나란히 배치한다. 그러면 아이는 벽을 보고 앉게 된다.

방의 모양이 세로로 긴 직사각형이므로, 방 안에 들어가는 가구들도 세로로 길게 배치하는 방법이다.

붙박이장이 문 쪽 벽면에 없는 경우

침대 머리쪽 파티션 구성 모습

이 배치의 장점

이 배치의 장점은 동선이 심플하고 시원하다는 점이다.

문을 열고 들어왔을 때 침대가 창가 쪽으로 세로로 붙어 있기 때문에 문 앞에 꽤 큰 오픈 공간이 생긴다. 이 공간에 들어설 때 느끼는 개방감이 좋다. 좁은 방이지만 답답하지 않다.

문을 열고 들어와 오른쪽에 있는 책상으로 바로 진입할 수 있고, 창가 쪽까지 직선으로 쭉 진입할 수 있다. 이 동선은 침대에 눕기 위한 동선으로도 활용되고, 옷장에서 옷을 꺼내기 위한 동선으로도 활용된다. 두 가지 기능이 겹쳐서 개방감도 있고 기능적인 동선이 된다.

벽면형 중 책상이 가장 안쪽인 경우

벽면형 중 책상이 가장 안쪽인 경우

집중력 관점에서도 장점이 있다. 문을 열었을 때 책상이 방문과 등지고 있지 않아서 불안감이 해소된다. 아이의 측면이 보이는 구조다. 그리고 침대와 책상 배치가 대각선으로 멀리 떨어져 있어서 공부하다가 침대로 향하는 경우를 줄일 수 있다.

헤드월이 있는 침대가 아닐 경우 기성품 파티션을 세워두는 것도 좋은 방법이다. 침대 머리 쪽에 파티션을 세우면 수면 시 아늑한 느낌이 든다. 또한 책상에서 침대가 더 안 보이게 되는 효과도 있다. 그 앞쪽에는 무엇을 할 수 있을까? 여학생의 경우에는 작은 화장대를 하나 놓을 수 있다.

여기서 또 한 번 배치에 변형을 줄 수 있다. 아이의 성향상 책상이 가장 안쪽으로 위치해야 집중이 잘되는 경우도 분명히 있다. 이런 경우에는 이 배치에서 붙박이장과 책상의 위치를 바꿔주면 된다. 책상이 창가 쪽 가장 안쪽으로 가고, 붙박이장이 문 쪽으로 온다.

물론 책상에서 공부하다가 뒤쪽의 침대로 향할 가능성은 있지만 책상이 가장 안쪽에 위치하기 때문에 아이의 성향에 따라 배치를 선택하면 좋을 듯하다.

형제자매 공유 시 배치

두 명이 함께 쓰는 방

일반 방은 두 명이 함께 쓰기에 충분한 크기다. 세로 4m×가로 3m 정도면 두 아이가 각자의 학습 공간을 확보할 수 있다.

하지만 공유 방은 혼자 쓰는 방보다 설계가 까다롭다. 고려해야 할 요소가 두 배로 늘어나기 때문이다. 침대 두 개, 책상 두 개를 배치해야 하고, 두 아이 모두의 집중력을 고려해야 한다.

공유 배치에서도 핵심 원칙은 동일하다. 각자의 책상에서 침대가 보이지 않게 하는 것이다. 여기에 한 가지 원칙이 더해진다. 서로의 모습이 시야에 들어오지 않게 하는 것이다.

왜 서로가 안 보여야 하는가

형제자매가 같은 방에서 공부할 때 가장 큰 방해 요소는 무엇일까? 침대도 문제지만, 더 큰 문제는 옆 사람이다.

동생이 연필을 돌리는 모습, 언니가 다리를 떠는 모습, 형이 머리를 긁는 모습 등. 이런 사소한 움직임이 집중을 깨뜨린다. 사람의 뇌는 움직임에 민감하게 반응하도록 설계되어 있다. 주변에서 무언가 움직이면 자동으로 시선이 간다. 이것은 의지로 통제하기 어렵다. 독서실에서 옆자리 사람이 계속 움직이면 짜증이 나는 것과 같은 원리다. 가족이라고 다르지 않다. 오히려 가족이기 때문에 더 신경이 쓰일 수 있다. '쟤는 왜 벌써 쉬어?', '쟤가 나보다 먼저 끝냈나?' 이런 비교 심리가 생긴다.

따라서 공유 방에서는 각자의 영역을 시각적으로 분리해야 한다. 책상 앞에 앉았을 때 침대도 안 보이고, 옆 사람도 안 보이는 것이 이상적이다.

가장 효율적인 배치: 2층 침대+긴 책상

공유 방에서 가장 효율적인 배치는 2층 침대와 긴 책상의 조합이다.

2층 침대(2000mm×1100mm)를 창문 쪽 벽면에 세로로 배치한다. 방의 가장 안쪽이다. 2층 침대를 쓰면 싱글 침대 두 개를 나란히 놓는 것보다 절반의 공간을 아낄 수 있다.

긴 책상 상판(2600mm×600mm)을 반대편 긴 벽면에 설치한다.

2층 침대 이미지

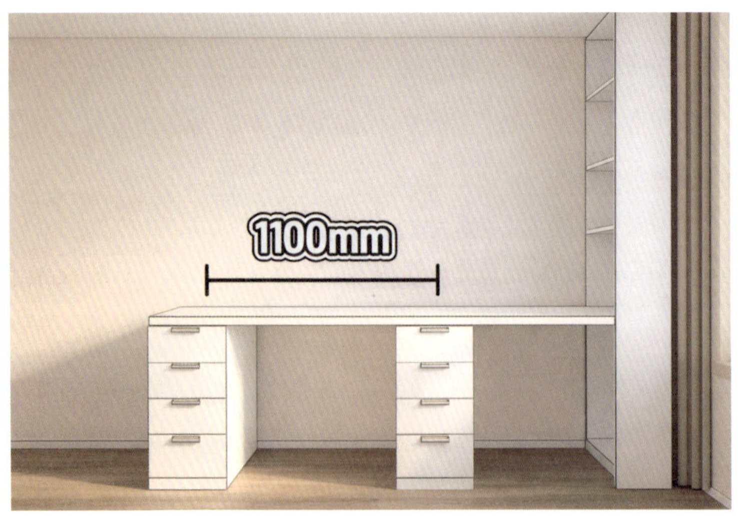

긴 책상 이미지

두 아이가 나란히 앉아 공부한다. 2600mm면 한 사람당 1300mm 씩 사용할 수 있다. 혼자 쓰는 책상보다 약간 좁지만, 공부하기에 충분한 폭이다.

상판 아래에는 각자의 서랍장을 놓는다. 서랍장 사이에 100mm 정도 간격을 두어 영역을 구분한다. 이 작은 간격이 '여기까지가 내 영역'이라는 심리적 경계선이 된다.

책장은 상판 위에 각자 1200mm 폭으로 올려놓는다. 낮은 책장 (높이 400~600mm)을 쓰면 답답하지 않다. 높은 책장을 쓰면 압박감 이 생기고, 두 사람 사이에 벽이 생긴 느낌이 된다. 적당히 낮은 책장 이 좋다.

시야 차단의 중요성

이 배치에서 두 책상은 2층 침대를 등지고 있다. 각자 책상 앞에 앉으면 침대가 등 뒤에 있어 보이지 않는다. 공유 방에서도 '책상에 서 침대가 안 보이게'라는 원칙이 적용되는 것이다.

하지만 옆 사람은 어떻게 할까? 나란히 앉아 있으면 주변 시야에 옆 사람이 들어온다. 여기서 파티션이 필요하다. 두 아이 사이에 낮 은 파티션(400mm×600mm)을 세우면 서로의 시야가 차단된다. 파 티션 높이가 400mm면 앉아 있을 때 옆 사람의 손과 팔이 안 보인 다. 600mm면 어깨까지 가려진다. 옆 사람의 움직임이 눈에 들어오 지 않으니 집중력이 유지된다.

파티션 소재는 투명 아크릴을 추천한다. 빛은 통과하면서 시야만 적당히 가린다. 불투명 파티션을 쓰면 답답하고 어두워질 수 있다. 반투명 아크릴이나 젖빛 유리 소재가 적당하다.

파티션 위치는 책상 가운데, 두 서랍장 사이의 100mm 간격 위에 세운다. 이렇게 하면 파티션이 자연스럽게 두 영역의 경계선이 된다.

2층 침대와 2인 책상의 배치

2층 침대 사용 시 주의점

2층 침대는 공간 효율이 좋지만, 주의할 점이 있다.

첫째, 위층에서 자는 아이의 안전이다. 난간이 충분히 높은 제품을 선택해야 한다. 난간 높이가 250mm 이상인 것이 좋다. 또한 매트리스 두께를 고려해야 한다. 두꺼운 매트리스를 올리면 난간의 실질적인 높이가 낮아진다.

둘째, 위아래층 배정 문제다. 보통의 경우에는 작은아이가 아래층, 큰 아이가 위층을 쓰기를 권장한다. 작은아이가 위층에서 자면 밤에 화장실 갈 때 위험하다. 또한 위층은 천장과 가까워서 여름에 더 덥다. 더위를 많이 타는 아이는 아래층이 낫다.

셋째, 아래층의 답답함이다. 위층 바닥이 머리 위에 있으면 아래층 아이가 답답하게 느낄 수 있다. 아래층 높이가 최소 900mm는 되어야 앉아 있을 때 머리가 안 닿는다. 1000mm 이상이면 더 쾌적하다.

일반 방의 진짜 가치

일반 방의 진짜 가치는 '여유'가 아니다. 그 여유를 활용해 침대와 책상을 분리할 수 있다는 것이 진짜 가치다.

초소형 방에서는 어떻게 배치해도 침대가 눈에 들어왔다. 로프트 베드를 쓰거나 접이식 침대를 쓰거나, 어떤 방법을 동원해도 근본적인 한계가 있었다. 집중력을 유지하려면 강한 의지가 필요했다. 환경이 도와주지 않았다. 일반 방에서는 다르다. 배치만 잘하면 침대가 시야에서 사라진다. 공부하는 동안 침대가 존재

하지 않는 것처럼 느껴진다. 환경이 집중력을 돕는다. 의지에 의
존하지 않아도 된다.

어떤 배치를 선택해야 하는가

이 장에서 여러 가지 배치를 소개했다. 'ㅏ'자 동선형, 'T'자 동선
형, 창가 추위 대응형, 붙박이장 위치 변형, 형제자매 공유 배치.
어떤 것이 정답일까? 정답은 없다. 방의 구조, 창문의 위치, 붙박
이장의 위치, 아이의 성향에 따라 최적의 배치가 다르다.

하지만 원칙은 동일하다. 책상에 앉았을 때 침대가 보이지 않게
하는 것이다. 이 원칙이 지켜지는 범위 안에서 다른 요소들(동선
의 효율성, 개방감, 수납 공간)을 고려하면 된다.

배치 후에 해야 할 일

좋은 배치를 했다고 끝이 아니다. 배치는 시작일 뿐이다.

첫째, 아이의 피드백을 들어야 한다. 일주일 정도 새 배치에서
생활해본 아이에게 물어보자. "공부할 때 집중 잘 돼?", "불편한
거 없어?"라고. 아이가 불편하다고 하면 조정해야 한다. 어른의
눈에 좋아 보여도 아이가 불편하면 소용없다.

둘째, 정리 정돈 습관을 만들어야 한다. 아무리 좋은 배치도 어
지러우면 무용지물이다. 책상 위에 물건이 쌓이고, 바닥에 옷이

널브러져 있으면 집중이 안 된다. 배치와 함께 정리 습관을 잡아 줘야 한다.

셋째, 환경을 지속적으로 관리해야 한다. 아이가 크면서 필요한 것들이 바뀐다. 초등학생 때와 중학생 때의 책 양이 다르다. 고 등학생이 되면 참고서가 쌓인다. 이런 변화에 맞춰 배치를 조금 씩 조정해야 한다.

환경이 만드는 집중력

결국 이 장에서 말하고 싶은 것은 하나다. 공간의 여유를 집중력 의 여유로 바꾸는 것, 그것이 일반 방 크기 공부방의 핵심이다. 초소형 방에서는 공간의 한계 때문에 환경이 집중력을 방해했 다. 일반 방에서는 공간의 여유 덕분에 환경이 집중력을 도울 수 있다. 이 기회를 살리느냐 놓치느냐는 배치에 달려 있다. 아이를 바꾸려 하지 마라. 환경을 바꿔라.

4장

넓은 방: 세로 4.5m 이상의 공간

넓으면 좋을까?

초소형 방에서는 공간이 부족해서 고민이었다. 일반 방에서는 적절한 여유 덕분에 침대와 책상을 분리할 수 있었다. 그렇다면 넓은 방은 더 좋을까?

반드시 그렇지는 않다. 공간이 넓어지면 새로운 문제가 생긴다. 독서실 칸막이 안에서 집중이 잘 되는 이유를 생각해보자. 시야에 들어오는 것이 적기 때문이다. 넓은 방은 그 반대다. 시야에 들어오는 것이 많다. 책상 앞에 앉아도 방 이곳저곳이 눈에 들어온다. 침대도 보이고, 옷장도 보이고, 빈 공간도 보인다. 주의가 분산되기 쉽다.

또한 넓은 공간은 '여기에 뭘 더 놓을까'라는 유혹을 부른다. TV를 놓거나, 게임기를 들이거나, 소파를 놓거나, 공부와 관계없는 것들이 하나둘 들어오면 공부방이 아니라 놀이방이 된다.

넓은 방을 효율적인 공부방으로 만들려면, 넓음 자체가 장점이 아니라는 것을 먼저 인식해야 한다. 넓은 공간을 어떻게 다스리느냐가 관건이다.

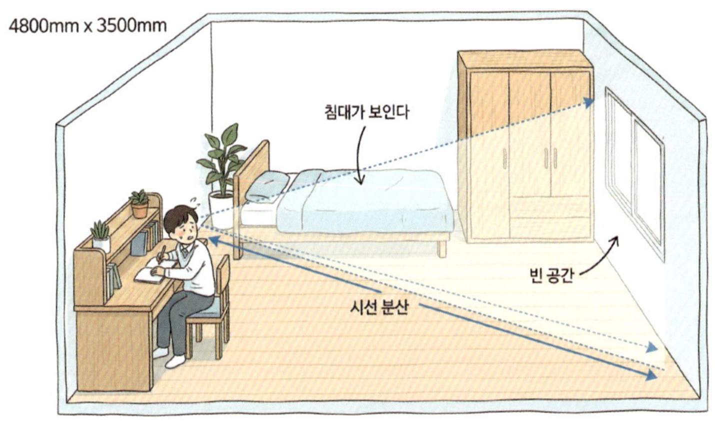

넓은 방의 분산되는 시선

넓은 방의 범위

여기서 넓은 방은 세로 4500mm 이상, 가로 3300mm 이상인 공간을 말한다. 구체적인 수치로 보면, 4500mm×3300mm는 14.85m²으로 약 4.5평이고, 4800mm×3500mm는 16.8m²으로 약 5평이며, 5000mm×3700mm는 18.5m²으로 약 5.6평 정도다.

앞에서 본 일반 방의 최대 크기인 4500mm×3500mm보다 한 단계 더 여유로운 공간이다.

이 정도 크기가 되면 침대, 책상, 옷장, 책장을 모두 배치하고도 상당한 공간이 남는다. 문제는 이 남는 공간이다. 공간을 잘못 쓰면 오히려 집중력을 떨어뜨리는 요인이 될 수 있다.

핵심 원칙: 학습 공간의 집중화

넓은 방에서 가장 중요한 원칙은 학습 공간을 집중화하는 것이다. 방 전체를 고르게 쓰려고 하면 안 된다. 오히려 방의 일부를 '공부 전용 구역'으로 만들고, 그 구역 안에서는 초소형 방처럼 집중할 수 있는 환경을 조성해야 한다.

코너를 활용한 집중 구역 만들기

방의 한쪽 코너를 공부 전용 구역으로 지정한다. 가장 좋은 위치는 창문에서 약간 떨어진, 방 안쪽 코너다. 이곳에 책상과 책장을 'ㄱ'자 또는 'ㄷ'자 형태로 배치한다.

책상의 크기는 1600~1800mm 정도로 일반 방보다 여유 있게 잡을 수 있다. 책장은 높이 1800~2000mm의 것을 책상 양옆에 배치하여, 앉았을 때 시야의 양쪽이 막히도록 한다. 마치 독서실 부스처럼 삼면이 막힌 구조가 되는 것이다.

이렇게 하면 넓은 방 안에 '작은 집중 공간'이 만들어진다. 책상 앞에 앉으면 책장 외에는 아무것도 보이지 않는다. 방의 나머지 부분이 아무리 넓어도, 공부하는 순간만큼은 좁은 공간에 있는 것과 같은 효과를 얻는다.

시각적 차단의 중요성

집중 구역과 나머지 공간 사이에는 시각적 차단이 필요하다. 책상 앞에 앉았을 때 침대나 옷장, 문이 보이면 안 된다.

가장 효과적인 방법은 책장 배치다. 책장을 파티션처럼 활용하여 집중 구역을 둘러싸면 별도의 가구 없이도 시각적 분리가 가능하다. 책장의 높이는 앉았을 때 시야를 가릴 수 있는 1400mm 이상이 좋다.

다른 방법으로는 커튼이나 파티션을 설치할 수 있다. 천장에서 내려오는 커튼으로 공부 구역을 둘러싸면, 필요할 때만 치고 평소에는 열어둘 수 있어 유연하게 활용할 수 있다.

첫 번째 배치: 'ㄷ'자 집중형

넓은 방에서 가장 효과적인 배치는 책상과 책장을 'ㄷ'자로 배치하여 완전한 집중 공간을 만드는 것이다.

배치 방법

방의 크기가 세로 4800mm × 가로 3500mm라고 가정해보자.

방 안쪽 코너, 창문 반대편에 집중 학습 구역을 만든다. 책상

1600mm×600mm를 코너에 배치하고, 책상 양옆에 책장 800mm ×350mm 두 개를 'ㄷ'자로 세운다. 책장 높이는 1800mm 정도로 하여 앉았을 때 시야를 완전히 차단한다.

침대는 창가 벽면에 배치한다. 집중 학습 구역과 최대한 거리를 두는 것이다. 싱글 침대 2000mm×1000mm를 창가에 세로로 놓으면, 침대와 책상 사이에 상당한 거리가 확보된다.

붙박이장이나 옷장은 문 쪽 벽면에 배치한다. 집중 학습 구역에서 보이지 않는 위치다.

이 배치의 효과

책상 앞에 앉으면 삼면이 책장으로 막혀 있다. 독서실 개인 부스

'ㄷ'자 독서실 배치

와 같은 환경이 만들어진다. 방이 아무리 넓어도, 공부하는 동안에는 좁은 공간에 있는 것 같은 집중력을 얻을 수 있다.

침대는 시야에서 완전히 사라진다. 책상에서 일어나 몸을 돌려야 침대가 보이니 공부하다가 침대로 향하는 유혹이 크게 줄어든다. 또한 책장이 가까이 있어서 필요한 책을 바로 꺼낼 수 있다. 자리에서 일어나지 않고도 참고서나 사전을 손에 닿는 거리에 둘 수 있다.

두 번째 배치: 'L'자 반개방형

완전히 막힌 'ㄷ'자 배치가 답답하게 느껴진다면 'L'자 배치로 한 쪽을 열어둘 수 있다.

배치 방법

같은 크기의 방을 기준으로 한다. 방 안쪽 코너에 책상 1600mm ×600mm를 배치한다. 책상의 한쪽에만 책장 1200mm×350mm를 세운다. 나머지 한쪽은 열어둔다.

열어두는 방향이 중요하다. 창문 쪽을 열어두면 자연광이 들어오고 시야가 확보된다. 하지만 침대가 창가에 있다면, 침대가 보이는 방향은 막고 반대쪽을 열어두는 것이 좋다.

침대와 옷장의 배치는 'ㄷ'자 집중형과 동일하다. 침대는 창가에, 옷장은 문 쪽에 배치하여 집중 구역과 분리한다.

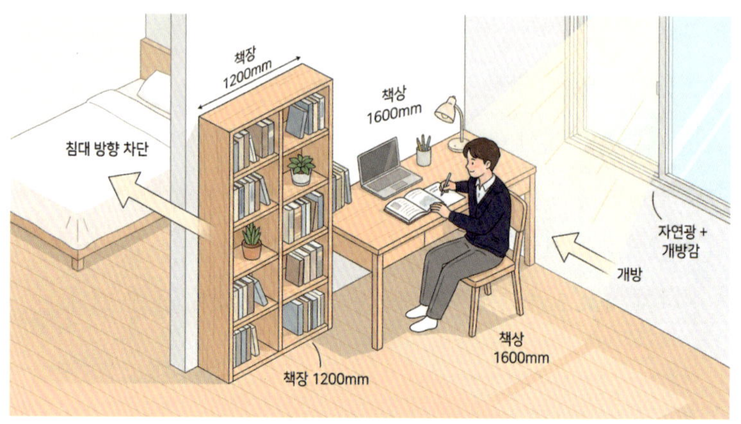

'L'자 반개방형 배치

이 배치의 효과

'ㄷ'자 배치보다 한쪽이 열려 있어 숨통이 트인다. 동시에 한쪽은 막혀 있어서 최소한의 시각적 차단이 이루어진다. 침대가 있는 방향을 막으면, 가장 큰 유혹 요소를 제거할 수 있다.

다만 'ㄷ'자 배치보다는 집중력이 떨어질 수 있다. 특히 넓은 방에서 열린 쪽으로 시선이 분산될 가능성이 있기 때문이다. 자기 통제력이 어느 정도 있는 아이에게 권장한다.

세 번째 배치: 섬형 독립 배치

방이 충분히 넓다면, 책상을 벽에서 떼어내 방 중앙에 배치하는 방법도 있다.

배치 방법

방의 크기가 세로 5000mm×가로 3700mm 이상인 경우에 적합하다.

책상 1800mm×700mm를 방 중앙에서 약간 안쪽에 배치한다. 벽에 붙이지 않고, 사방에서 접근할 수 있도록 띄워놓는다. 책상 뒤편에 책장 1600mm×400mm를 배치하여 등 뒤를 막아준다.

침대는 창가 벽면에, 옷장은 문 쪽 벽면에 배치한다. 책상이 방 중

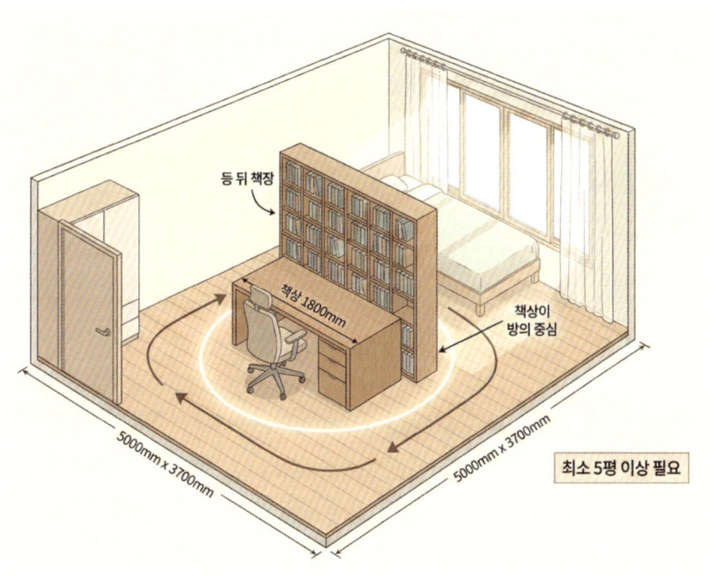

섬형 독립 배치

앙에 있으므로, 침대와 책상 사이에 상당한 거리가 생긴다.

이 배치의 효과

책상이 방의 중심이 된다. "이 방의 주인공은 책상이다"라는 메시지가 공간 전체에 전달된다. 공부가 이 방에서 가장 중요한 활동이라는 것을 환경 자체가 말해준다.

또한 책상 뒤편이 책장으로 막혀 있어서, 등 뒤에서 누가 지켜보는 느낌이 들지 않는다. 심리적 안정감이 높아진다.

다만 이 배치는 방이 충분히 넓어야 가능하다. 5000mm × 3700mm 이상의 공간이 필요하다. 또한 책상 주변 동선을 확보해야 하므로, 실제로 사용할 수 있는 공간은 줄어든다.

남는 공간의 활용

넓은 방에서 집중 학습 구역을 만들고 나면, 상당한 공간이 남는다. 이 공간을 어떻게 쓸 것인가가 중요하다.

학습 효율을 높이는 방향

남는 공간은 반드시 학습과 연결되어야 한다. 그렇지 않으면 집중력을 떨어뜨리는 요소가 된다.

가장 좋은 활용은 독서 공간이다. 창가에 편안한 의자나 빈백을 놓고, 옆에 낮은 책장을 둔다. 문제집이나 참고서가 아니라, 교양서나 소설 같은 '즐겁게 읽는 책'을 둔다. 공부에 지쳤을 때 이곳에 와서 책을 읽으면, 휴식하면서도 완전히 공부에서 벗어나지는 않는다.

스트레칭 공간도 좋다. 바닥 일부를 비워두고 요가 매트를 깔 수 있게 한다. 공부 중간에 몸을 움직이면 혈액 순환이 좋아지고 집중력이 회복된다. 빈 공간이 그냥 비어 있는 것이 아니라, 학습을 위한 리프레시 공간으로 기능하는 것이다.

보조 학습 공간으로 활용할 수도 있다. 낮은 테이블과 쿠션을 놓아, 바닥에 앉아서 공부하는 공간을 만든다. 같은 공부라도 장소를 바꾸면 집중력이 회복되는 효과가 있다. 메인 책상에서 지쳤을 때 이곳으로 옮겨 공부를 계속할 수 있다.

피해야 할 것들

TV나 게임기는 절대 들여놓지 않는다. 아무리 멀리 배치해도 시야에 들어오는 순간 집중력을 잃는다. '공부 끝나고 잠깐'이라는 생각이 들면, 그 순간부터 공부는 끝난다.

소파도 주의해야 한다. 편한 소파가 있으면 침대만큼이나 유혹이 된다. 넣으려면 독서 공간에 국한하고, 메인 학습 구역에서 보이지 않는 위치에 둔다.

운동기구도 신중해야 한다. 러닝머신이나 자전거 같은 큰 기구는 공간을 차지할 뿐 아니라 시각적으로도 산만하다. 스트레칭 정도면 충분하다.

남는 공간 활용법

넓은 방의 함정

함정 1: 텅 빈 공간

가장 흔한 실수는 공간을 너무 비워두는 것이다. '넓으니까 여유롭게 두자'는 생각으로 가구를 최소한만 놓으면, 방이 텅 비어 보인다. 텅 빈 공간은 심리적으로 불안감을 준다. 특히 청소년은 적당히 채워진 공간에서 더 안정감을 느낀다. 넓은 방이라고 해서 미니멀하게 꾸밀 필요는 없다.

하지만 채우더라도 목적 없이 채우면 안 된다. 모든 가구와 공간에는 명확한 용도가 있어야 한다. '그냥 비어서 놓은' 가구는 오히려 산만함을 유발한다.

함정 2: 초점 없는 배치

두 번째 흔한 실수는 가구를 사방에 흩어놓는 것이다. '공간이 넓으니까 이것도 놓고 저것도 놓자'는 식으로 계획 없이 채우면, 방의 초점이 흐려진다.

효율적인 공부방은 '책상이 중심'이라는 것이 명확해야 한다. 방에 들어왔을 때 시선이 자연스럽게 책상으로 향해야 한다. 책상이 다른 가구들 사이에 묻혀버리면 공부방이 아니라 그냥 '여러 가구가 있는 방'이 된다.

함정 3: 과도한 구역 나누기

'여러 존을 만들자'는 아이디어에 너무 집착하면 방이 복잡해진다. 파티션을 많이 세우거나, 가구로 공간을 과도하게 나누면 오히려 답답해진다. 넓은 방도 결국은 하나의 방이다. 핵심 구역은 '집중 학습 구역' 하나로 충분하다. 나머지는 부수적인 공간으로, 복잡하게 나눌 필요가 없다.

형제자매 공유 시 배치

넓은 방은 형제자매가 함께 쓰기에 좋은 조건이다. 각자의 영역을 충분히 확보하면서도 함께 생활할 수 있다.

대칭 배치

가장 명확한 방법은 방을 세로로 반으로 나누어 대칭으로 배치하는 것이다.

방의 크기가 세로 5000mm×가로 3700mm라면, 왼쪽 1850mm는 첫째 공간, 오른쪽 1850mm는 둘째 공간으로 나눈다. 각자의 공간에 침대, 책상, 책장을 배치한다. 두 공간 사이에는 책장을 파티션처럼 세워 시각적으로 분리한다. 이렇게 하면 한 방에서 두 명이 생활하지만, 각자 독립된 공간을 갖는 것과 같은 효과가 있다. 공부할 때 서로 방해가 되지 않는다.

기능별 배치

다른 방법은 기능별로 나누는 것이다. 한쪽에는 두 개의 침대를, 다른 쪽에는 두 개의 책상을 배치한다. 이러면 수면 구역과 학습 구역이 완전히 분리되는 장점이 있다. 한 명이 자고 있을 때 다른 한 명이 공부해도 방해가 덜 된다. 하지만 개인 영역이 덜 명확하다는 단점이 있다.

어떤 배치를 선택하든, 각자의 학습 공간에서는 상대방이 보이지 않도록 시각적 차단을 해주는 것이 중요하다.

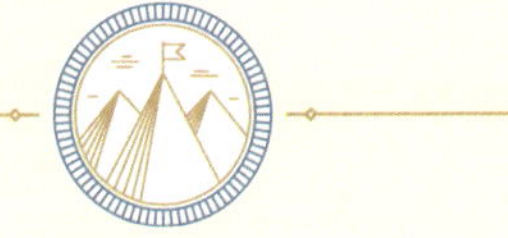

POINT

넓은 방은 축복이자 도전이다. 공간이 넓다는 것은 가능성이 많다는 뜻이지만, 잘못 쓰면 오히려 집중력을 해치는 환경이 될 수 있다.

핵심은 '넓음을 다스리는 것'이다. 방 전체를 고르게 쓰려고 하지 말고, 집중 학습 구역을 만들어 그 안에서는 좁은 공간처럼 집중할 수 있게 해야 한다. 남는 공간은 학습 효율을 높이는 방향으로만 활용한다. 어떤 배치를 선택하든, '책상에 앉았을 때 다른 것이 보이지 않게 한다'는 원칙은 동일하다.

넓은 방의 진짜 가치는 넓음 자체가 아니다. 넓은 공간 안에 최적의 집중 환경을 만들 수 있다는 것, 그것이 넓은 방의 진짜 가치다.

1980년대부터 심리학자 레이첼&스티븐 카플란Rachel&Stephen Kaplan 부부는 40년간 주의력에 대해 연구했다. 그들의 핵심 발견은 이것이었다. 주의력은 근육과 같으며, 쓰면 쓸수록 피곤해진다. 같은 자리에서 1시간, 2시간, 3시간 계속 공부하면 주의력은 바닥난다. 이것이 '주의 피로Attention Fatigue'다.

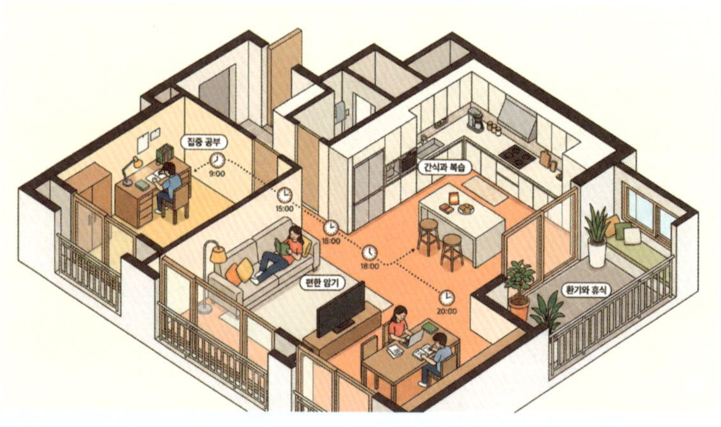

집 안 여러 곳에서 공부하는 아이

하지만 카플란 부부는 놀라운 사실을 발견했다. 공간을 바꾸면 주의력은 회복된다는 것이다. 자연을 보고, 바람을 쐬고, 다른 환경으로 이동하면 주의력이 리셋된다. 이것이 '주의 회복 이론Attention Restoration Theory'이다. 새로운 환경은 새로운 자극을 제공하고, 뇌를 깨운다.

기업들은 이미 알고 있다. 구글이나 마이크로소프트, 애플은 고정 좌석이 없다. 직원들은 업무에 따라 장소를 바꾼다. 집중 부스에서 깊은 사고를, 협업 공간에서 토론을, 카페 공간에서 가벼운 작업을 한다. 이것이 '활동 기반 작업Activity-Based Working'이다. 하버드 교육대학원 연구에 따르면, 공간을 자유롭게 선택할 수 있는 학생들이 고정 좌석 학생들보다 학습 효율이 25% 높고, 지속 시간은 35% 길었다.

학생들은 어떤가? 아침 8시부터 오후 4시까지 학교에서 8시간, 학원에서 2시간, 집에서 3시간, 총 13시간을 한 가지 자세, 한 가지 공간에서 보낸다. 그리고 우리는 아이에게 묻는다. "왜 집중을 못 해?"라고. 아이들은 본능적으로 안다. 쉬는 시간마다 복도 창틀에 기대어 암기하고, 계단에 앉아 책을 읽으며, 운동장을 걸으며 외운다. 선생님은 "교실로 들어가!"라고 말하지만, 아이들은 알고 있다. 공간을 바꿔야 한다는 것을.

학교와 학원은 바꿀 수 없다. 하지만 집은 다르다. 집에는 방 책상, 거실 소파, 식탁, 복도, 베란다가 있다. 이 모든 곳이 학습 공간이 될 수 있다. 한 자리에서 5시간 공부하면 효율은 40%이지만, 다섯 곳을 바꿔가며 5시간 공부하면 효율은 80%가 된다. 같은 시간인데 효과는 2배다. 주의력이 계속 회복되기 때문이다.

PART 3

거실을 활용한 학습 공간 조성

따로 또 같이, 가족과 함께 공부하는 법

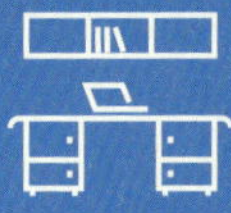

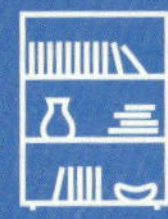

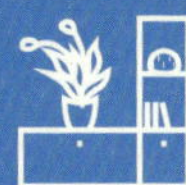

거실 학습의
효과와 사례

거실 학습의 본질은 '따로 또 같이'다. 같은 공간에 있지만 각자의 일을 한다. 아빠는 노트북으로 업무를 보고, 엄마는 책을 읽고, 아이는 숙제를 한다. 서로 방해하지 않는다. 하지만 혼자가 아니다. 고개를 들면 가족이 보인다. 궁금한 게 있으면 바로 물어볼 수 있다. 이것이 '같이'다.

그러나 모든 공부가 거실에서 이루어지는 건 아니다. 수학의 어려운 문제를 풀 때, 암기 과목을 집중해서 외울 때, 시험 직전 마무리 정리를 할 때, 이럴 때는 혼자만의 공간이 필요하다. 방문을 닫고, 외부 자극을 차단하고, 오롯이 나와 책만 마주하는 시간, 이것이 '따로'다.

어린 시절에는 '같이'의 비중이 크다. 초등학교 저학년 아이에게 혼자 방에서 공부하라는 건 가혹하다. 외롭고, 불안하고, 집중이 안된다. 이 시기에는 부모 곁에서, 형제와 함께, 거실의 따뜻한 분위기 속에서 공부하는 게 맞다.

하지만 고학년이 되면 달라진다. 중학생, 고등학생이 되면 깊은 사고가 필요한 과목이 늘어난다. 복잡한 수학 문제 풀이, 논술형 글쓰기, 개념 정리 등. 이런 학습은 조용한 환경에서 혼자 해야 효율이 높다. '따로'의 시간이 필요해지는 것이다.

결국 답은 둘 중 하나가 아니다. '거실이냐 방이냐'의 이분법이 아니다. 상황에 따라, 과목에 따라, 아이의 성장 단계에 따라 유연하게 오갈 수 있어야 한다. 영어 단어는 거실 소파에서 편하게 외우고, 수학 문제는 방 책상에서 집중해서 풀고, 역사 연표는 식탁에 펼쳐놓고 정리한다. 이 선택의 자유가 있는 집. 그것이 '따로 또 같이'가 가능한 집이다.

일본 거실에서 만들어진 기적

일본 도쿄. 한 평범한 아파트 거실에서 네 아이가 나란히 앉아 공부하고 있다. 큰아이는 수학 문제를 풀고, 둘째는 영어 단어를 외우고, 셋째는 과학 교과서를 읽고, 막내는 그림을 그린다. 주방에서는 엄마 사토 료코佐藤亮子 씨가 저녁을 준비한다. 일본에서는 '사토마마'라고 불리는 그녀는 독특한 교육법으로 유명해진 인물이다.

칼질 소리가 들린다. 가끔 아이들이 "엄마, 이거 뭐예요?"라고 물

사토마마 거실 학습 모습

으면 료코 씨가 손을 씻고 와서 답해준다. 설명을 듣고 아이는 고개를 끄덕이며 다시 공부로 돌아간다. 거실 한쪽에는 천장까지 닿는 책장이 있다. 백과사전, 지도, 도감이 가득하다. 아이들이 손만 뻗으면 닿는 높이에 배치돼 있다.

이 풍경이 특별해 보이지 않는다고? 하지만 결과는 특별했다. 네 아이 모두 일본 최고 명문인 도쿄대학교 의학부에 합격했다. 료코 씨의 이야기가 일본 언론에 알려지자 충격이었다.

"어떻게 네 아이를 다 도쿄대 의대에 보냈나요?"

사람들은 비법을 물었다. 특별한 학원에 보냈거나 엄청난 사교육비를 들었을까? 아니면 천재적 유전자 때문은 아니었을까?

료코 씨의 대답은 의외로 단순했다.

"거실에서 공부하게 했어요. 그게 전부예요."

사람들은 고개를 갸웃했다. '거실? 그게 비법이라고?' 하지만 료코 씨는 진심이었다. 그리고 그 뒤에는 깊은 통찰이 있었다.

공부는 외로운 일이다

료코 씨는 자신의 어린 시절을 떠올렸다.

"저는 어렸을 때 공부방이 있었어요. 그런데 아이들은 좀처럼 스스로 공부하지 않는다는 걸 저 스스로가 경험했죠."

거실에서 놀다가 방으로 가서 공부하는 것, 그게 얼마나 어려운 일인지 료코 씨는 알았다.

"모두와 함께 있던 편한 공간에서 공부해야 하는 방으로 가는 동선이 조금이라도 길면 공부를 시작하기가 어려워요. 심리적 허들이 정말 높아요."

방문을 여는 순간 모든 게 바뀐다. 따뜻한 거실에서 차가운 방으로, 가족의 웃음소리에서 고요함으로, 함께에서 혼자로.

"공부는 원래 고독한 일이에요. 그런데 환경까지 고독하게 만들면 아이들이 견디지 못해요."

아이는 외로워진다. 외로우면 핸드폰을 본다. 게임을 하고, 침대에 눕는다. 결국 공부는 점점 멀어진다.

"자기 공부방으로 가는 건 방에 틀어박혀 공부와 멀어지게 하는 일이지요."

그래서 료코 씨는 반대로 했다. 아이들을 방으로 보내지 않고 거실에 머물게 했다.

일상 속에 스며든 공부

료코 씨의 거실 공부법 핵심은 '자연스러움'이다.

"'자, 공부하자'라고 안 하는 게 좋아요. 어느샌가 나도 모르게 연필을 잡고 있는 걸 깨닫게 되는 것처럼 자연스럽게 공부하는 느낌이 중요해요."

거실에 책상이 있다. 밥 먹고, TV 보고, 놀다가, 자연스럽게 책상 앞에 앉는다. 특별한 각오가 필요 없다. 노는 곳 바로 옆에 공부하는 곳이 있다.

"정말 자연스럽게 공부를 일상으로 가져오는 거예요. 공부를 열심히 해야겠다는 각오로 공부방에 들어가 공부하는 게 아니라요."

일상생활 속에 공부가 있다. 특별한 게 아니라 당연한 것. 밥 먹듯이, 양치하듯이, 공부도 그냥 하는 것이다.

"아이들은 환경으로 공부하는 거예요. 공부할 때 주변에 형제가 있고, 부모가 있고, 따뜻한 분위기가 있는 편이 공부하기 훨씬 쉬워요."

도쿄대생의 비밀

료코 씨의 사례만이 아니다. 일본에서 도쿄대학교 학생들을 대상으로 학창 시절에 어디서 공부했는지에 대한 조사가 있었다. 《도쿄대식 사고력을 기르는 법東大脳の育て方》이란 책에 따르면, 도쿄대생의 83%가 어린 시절 거실에서 공부한 경험이 있었다. 뇌과학자 타키 야스유키瀧靖之 도호쿠대학 가령의학연구소 교수가 감수한 이 책은 도쿄대생들의 어린 시절 학습 습관을 분석했는데 일부는 중학교, 고등학

교 때도 거실에서 공부한 걸로 밝혀졌다.

도쿄대 농학부에 다니는 한 학생이 인터뷰에서 말했다.

"기본적으로 거실에서 공부했어요. 제 방에서 공부하면 좀 게으름을 피우기도 하는데, 거실에서는 가족들이 보는 눈이 있으니까요."

또 다른 문학부 학생은 이렇게 말했다.

"무음보다 소리가 조금 있는 편이 저에게는 공부하기가 더 좋아서 거실에서 공부했어요. 거실에서 공부하면 기본적으로 부모님이 항상 가까이 있으니까 게으름을 피우지 않았어요. 아마 제 방이 있었으면 전혀 공부 안 했을 거라고 생각해요."

이들의 공통점은 명확하다. '거실이 주는 적당한 긴장감과 따뜻한 연결감.' 이 두 가지가 공부에 긍정적으로 작용했다.

왜 거실에서 더 집중이 잘 될까?

이 현상을 어떻게 설명할 수 있을까? 집안에서 거실은 다양한 자극이 공존하는 공간이다. 부모가 있고, 형제가 있고, 생활의 소리가 있다. 역설적이지만 이런 적당한 자극 속에서 오히려 집중이 잘 된다. 성인들도 카페에서 일한다. 집에서는 안 되는 게 카페에서는 된다. 왜? 적당한 소음과 사람들의 존재가 오히려 집중을 돕기 때문이다.

야스유키 교수는 "거실 학습에는 학습과 일상의 경계를 없애고 생활의 일부처럼 만드는 효과가 있다"고 주장했다. 공부를 특별한 행위가 아니라 일상의 연장으로 만드는 것이다.

인간과 환경은 상호적으로 작용한다. 환경이 인간에게 주는 영향

거실 학습의 장점

은 생각보다 크다. 일본에서도 집을 살 때 아이들에게 우선 좋은 방을 주는 경향이 있다. 좋은 방을 주면 아이가 공부를 잘할 거라는 믿음 때문이다. 하지만 현실은 달랐다. 수험 생활에서 성공한 아이들은 자신의 방에서 공부를 많이 하지 않았다. 아이들에게 필요한 건 개별 방이 아니었다. 가족과 소통을 하면서 학습을 할 수 있는 공간, 그것이 바로 거실이다.

미국의 부엌 식탁 교육

거실 학습은 일본만의 이야기가 아니다. 사실 미국에서는 훨씬 더 일반적이다. 미국 가정을 방문하면 흥미로운 광경을 볼 수 있다.

거실이나 부엌 식탁에 아이들이 앉아 공부하고, 바로 옆에서 부모가 노트북을 펴고 일한다. 혹은 책을 읽는다. 이것은 특별한 교육법이 아니다. 지극히 평범한 미국 가정의 일상이다.

미국 홈스쿨링 커뮤니티에서는 'Kitchen Table Homeschool'이라는 표현이 자주 등장한다. 말 그대로 부엌 식탁에서 하는 홈스쿨링이다. 한 미국의 아이 엄마는 블로그에 자신의 홈스쿨 공간을 소개하며 이렇게 썼다.

"거실에 있는 책장을 보면 전형적인 식당 장식은 아니에요. 가끔 더 예쁘게 꾸미고 싶기도 하지만, 솔직히 이게 우리 가족 문화를 말해줘요. 우리는 매일 배우고 새로운 것을 만드는 집이에요."

그녀의 집에는 별도의 공부방이 없다. 부엌 식탁이 교실이고, 거실 책장이 도서관이다. 아이들은 아침 식사 후 그대로 식탁에 앉아

미국 집 전체 학습 공간

공부를 시작한다. 엄마는 요리하면서 질문에 답해준다.

"식탁에서 요리하고 청소하면서 아이들을 감독하고 질문에 답할 수 있어요. 점심 먹으면서 소설책을 읽어주거나, 간식 먹으면서 시를 암송하게 할 수도 있죠. 모든 게 식탁 바로 옆에 있어요."

또 다른 홈스쿨링하는 아이 엄마는 이렇게 말한다.

"온라인에서 보는 아름다운 홈스쿨 룸 사진들이 좋긴 하지만, 우리에게는 현실적이지 않아요. 그리고 솔직히 집에서 '학교 분위기'를 만들고 싶지도 않아요."

그녀가 원하는 것은 생활과 학습의 자연스러운 통합이다. 밥 먹고, 놀고, 공부하고, 이 모든 게 하나의 흐름 속에서 일어난다.

미국에서 방은 벌의 공간

더 흥미로운 것은 미국의 훈육 문화다. 한국에서 방은 공부하는 곳이다. 하지만 미국에서는 정반대다.

"Go to your room!(방에 들어가 있어!)"

이것은 미국에서 가장 흔한 벌^{punishment}이다. 아이가 잘못했을 때 부모가 외치는 말이다. 왜 이게 벌일까? 한국 부모들은 이해하기 어렵다. 방에는 장난감도 있고, 침대도 있고, 좋아하는 물건들이 다 있는데, 거기 보내는 게 왜 벌인가?

미국 Quora에 올라온 질문이다.

"Why do Americans consider 'Go to your room' as a punishment?(왜 미국인들은 '방에 가 있어'를 벌로 여기나요?)"

미국의 방 vs 한국의 방

이에 한 미국인이 답했다.

"핵심은 '이동의 자유'예요. 네 방에 네가 좋아하는 것들이 가득하니까 벌이 아니라고 생각하죠? 하지만 그게 전부가 아니에요. 벌의 본질은 가족이 있는 공간에서 격리되는 것이에요."

또 다른 답변은 더 명확하다.

"자유로운 이동을 제한당하는 거예요. 맞아요, 아이 방에는 장난감이 가득하죠. '가서 인형 가지고 놀아!'라고 하면 벌이 아니죠. 하지만 핵심은 그게 아니에요. 가족이 함께 있는 공간에서 쫓겨나는 거예요. 5분 동안이라도 가족과 떨어져 있어야 한다는 게 벌이에요."

이 말 속에 미국 문화의 본질이 담겨 있다. 거실은 늘 함께하는 공간이다. 그래서 거기서 떨어지는 것이 벌이 된다.

동서양의 공통점

일본의 사토 료코 씨와 미국의 홈스쿨을 하는 엄마들. 문화권은

다르지만 공통점이 있다. 거실(혹은 부엌)을 가족 생활과 학습의 중심
으로 만드는 것이다. 일본에서는 "거실에서 공부하면 외롭지 않다"고
말하고, 미국에서는 "거실에서 일어나는 모든 것이 학습의 일부"라고
말한다. 표현은 다르지만 본질은 같다. 아이를 방에 격리시키지 않고,
가족 공간에 함께 있게 한다. 그러면서 그 속에서 자연스럽게 배우고
성장하게 한다. 그리고 이것이 효과가 있다. 도쿄대생의 83%가 어린
시절 거실에서 공부한 경험이 있는 것과 미국 홈스쿨러들의 놀라운
학업 성취도는 결코 우연이 아니다.

한국에는 어떻게 적용할까?

하지만 여기서 의문이 생긴다. '그래, 일본과 미국은 그렇다 치자.
그런데 한국은?' 한국은 다르지 않은가? 학원 문화, 경쟁 교육, 사교육.
일본이나 미국과는 상황이 다르다. 맞다. 한국은 상황이 다르다. 하지
만 그래서 더 필요할 수도 있다. 서울 마포구에 사는 박지연 씨의 고민
을 들어보자. 두 아들(중2, 초5)을 둔 그녀는 매일 아이들과 싸운다.

"큰애는 학원 가기 싫다고 방에 틀어박혀요. 문 잠그고 안 나와요.
작은애는 학원 갔다 와서 바로 방에 들어가 게임해요. 저녁 먹자고
불러도 안 나와요."

거실에는 엄마 혼자 있고, 아이들은 각자 방에 있다. 가족이 한집
에 살지만 따로 논다.

"가끔 아이들 얼굴 보는 게 아침저녁 식사 시간뿐이에요. 대화? 거의 안 해요. '학교 어땠어?', '그냥' 이게 전부예요."

지연 씨는 거실 공부법 이야기를 듣고 시도해봤다. 아이들 방 책상을 거실로 옮겼다.

"처음에는 애들이 엄청 싫어했어요. '엄마가 감시하려고 그러는 거 아니야?', '친구들 다 자기 방 있는데 나만 왜 이래?'라면서."

하지만 2주가 지나자 변화가 생겼다.

"큰애가 학원 숙제하다가 저한테 물어봐요. 전에는 모르면 그냥 넘어갔거든요. 제가 바로 옆에 있으니까 물어보기 편한가 봐요."

작은애도 달라졌다.

"게임을 못 하니까 대신 책을 읽어요. 거실에 책이 많잖아요. 심심하니까 책을 집어 드는 거예요."

그리고 가장 큰 변화는 대화가 늘어난 것이었다.

"제가 요리하면서 '오늘 학교에서 뭐 했어?'라고 물어보면 대답을 해요. 방에 있을 때는 대답도 안 했는데. 같은 공간에 있으니까 자연스럽게 얘기가 오가요."

한국 가정의 실험

이와 관련해 한국에서도 본격적인 실험이 있었다. 2023년 1월 방송된 SBS 스페셜 〈체인지: 공부방 없애기 프로젝트〉였다. 아이 방을 없애고 거실에서 공부하게 만드는 실험이었는데, 여러 가정이 참여했다. 전문가들이 컨설팅하고, 카메라가 변화를 기록했다. 결과는 놀라웠다. 한 가정에서는 아이의 공부 시간이 하루 1시간에서 3시간으로 늘어난 것이다. 또 다른 가정에서는 부모와 자녀 간 대화 시간이 2배로 늘었다.

물론 실패 사례도 있었다. 어떤 집은 부모가 TV를 보고 싶어서 실패했다. 엄마가 저녁마다 드라마를 봐야 했고 아빠는 프로야구 중계를 빠짐없이 보는 열렬한 팬이었다. 아이가 거실에서 공부하니까 TV를 못 보게 된 부모는 결국 아이를 다시 방으로 보냈다.

또 어떤 집은 남매 간 방해가 심했다. 오빠가 공부하는데 동생이 옆에서 시끄럽게 놀았고 결국 오빠가 화내면서 싸움이 났다. 엄마가 이들을 중재하는 일이 반복됐고, 결국 아이들은 다시 각자 방으로 분리됐다.

거실 공부의 성공 조건

실험을 통해 명확해진 것이 있다. 거실 공부가 성공하려면 조건이 필요하다.

첫째, 부모의 희생이 필요하다. 아이가 거실에서 공부하면 부모도 거실에 있어야 한다. TV를 보고 싶어도 참거나 이어폰으로 들어야 한다. 큰 소리로 전화 통화도 못 한다. 불편하지만 이 불편함을 감수할 때 거실 공부가 작동한다. 부모가 희생하지 않으면 안 된다.

둘째, 형제 간 규칙이 명확해야 한다. 공부하는 아이를 방해하지 않고 큰 소리로 놀지 않아야 한다. 그리고 TV 볼 시간과 공부 시간을 구분한다. 이런 규칙이 있어야 한다.

셋째, 아이에게 자기만의 영역이 있어야 한다. 거실에서 공부하되 완전히 개방되면 안 된다. 아이 전용 책상, 아이 전용 책장, 이런 게 있어야 한다. '이건 내 것'이라는 느낌이 중요하다.

넷째, 점진적으로 시도해야 한다. 갑자기 방을 없애면 아이가 반발한다. 먼저 거실에 책상을 추가로 놓고 "거실에서도 공부할 수 있어"라고 제안하는 것이다. 아이가 적응하면 서서히 거실 사용을 늘리게 된다.

거실 학습 성공 4가지 조건

2장

거실 학습 공간
조성 방법

가족 중심 공간에서 학습하는 공간 만들기

왜 거실이 있는데 공부방을 따로 만들까?

이상하지 않은가? 집에서 가장 넓고, 가장 밝고, 가장 좋은 자리에 있는 공간이 거실이다. 남향에 큰 창이 있어 자연 채광이 풍부하고 공기 순환도 잘 된다. 그런데 우리는 이 좋은 공간을 TV 보고 소파에 앉아 쉬는 용도로만 쓴다. 정작 아이들은 작은 방, 채광도 안 좋은 방에 보내서 공부하라고 한다.

왜일까? 거실은 '공부하는 곳'이 아니라고 생각하기 때문이다. 거실은 쉬는 곳, 가족이 모이는 곳, TV 보는 곳이라고 정해놨다. 공부는 당연히 공부방에서만 해야 한다고 믿는다. 그래서 아무리 좁아도, 아무리 어두워도, 아이 방을 공부방으로 만든다.

하지만 한번 상상해보자. 거실이 진짜 학습 공간으로 변해 집에서 가장 좋은 자리에서 아이가 공부하는 모습을.

학습 분위기가 일어나는 거실의 모습

저녁 7시. 온 가족이 저녁 식사를 마쳤다. 설거지가 끝나고, 각자 해야 할 일을 시작할 시간이다. 거실 한쪽에 있는 큰 테이블에 중학생 딸 수아가 먼저 앉아 수학 문제집을 펼친다. 테이블 위에는 수아가 쓰는 물건만 있다. 연필, 지우개, 계산기, 노트, 딱 필요한 것만. 테이블 옆 낮은 수납장에서 꺼낸 것들이다. 그 옆 소파에는 엄마가 앉는다. 노트북을 펴고 업무를 본다. 가끔 수아가 "엄마, 이 문제 좀 봐줘" 하면 고개를 들어 함께 본다. 설명을 마치면 다시 각자 일에 집중한다. 반대편 작은 책상에는 초등학생 아들 준혁이가 앉는다. 국어 교과서를 읽는다. 모르는 단어가 나오면 바로 옆 책장에서 국어사전을 꺼내어 찾아보곤 다시 꽂는다. 흐름이 끊기지 않는다. 아빠는 주방 아일랜드 테이블에 앉아 신문을 읽는다. 가끔 흥미로운 기사가 나오면 "애들아, 이거 봐" 하고 이야기를 건넨다. 준혁이가 다가온다. 함께 기사를 읽는다. 아빠가 설명해준다. 자연스럽게 시사 토론이 된다. 5분 정도 이야기하고, 다시 각자 자리로 돌아간다.

TV는 꺼져 있다. 거실에 있지만 TV가 보이지 않는다. TV 앞에 슬라이딩 도어가 닫혀 있기 때문이다. 굳이 치우지 않아도 시야에서 사라진다. 거실 전체에 은은한 조명이 켜져 있다. 천장의 간접조명이다. 각자 앉은 자리에는 스탠드가 있고 밝기를 조절할 수 있다. 수아는 밝게, 엄마는 조금 어둡게, 준혁이는 중간 정도로 켜놨다. 소음은 거의 없다. 에어컨 돌아가는 소리, 연필 긁는 소리, 가끔 책장 넘기는 소리, 그게 전부다. 각자 집중하고 있지만 혼자가 아니다. 가족이 함께 있다. 같은 공간에서 각자의 일을 한다.

학습 분위기가 일어나는 거실의 모습

9시가 되자 수아가 책을 덮는다. "엄마, 다 했어" 하면 엄마가 고개를 든다. "수고했어. 뭐 마실래?" 수아와 엄마가 주방으로 간다. 준혁이도 따라간다. 아빠도 합류한다. 간식을 먹으며 오늘 공부한 것, 재미있었던 것, 어려웠던 것을 이야기한다.

10분 후, 수아는 자기 방으로 들어간다. 샤워하고 잘 준비를 한다.

준혁이는 거실로 돌아와 조금 더 책을 읽는다. 엄마는 다시 노트북 앞에 앉는다.

이게 거실 학습이 제대로 실현되는 모습이다.

이런 거실은 어떻게 만드는가?

앞에서 본 거실에 특별한 건 없었다. 거실의 구조를 바꾸고, 가구를 배치하고, 규칙을 만들면 된다. 누구나 할 수 있다. 큰 비용도 필요 없다. 그럼 지금부터 단계별로 살펴보자. 먼저 거실을 어떻게 나눌 것인지부터 시작한다.

거실 내 학습 영역 구분하기

거실을 '존'으로 나눈다

거실 학습이 실패하는 가장 큰 이유는 공간을 나누지 않기 때문이다. 보통은 거실 전체를 하나의 공간으로 쓴다. TV 보는 곳, 밥 먹는 곳, 공부하는 곳이 다 섞여 있다. 이러면 집중이 안 된다.

그래서 거실을 최소 3개의 존으로 나눠야 한다.

첫 번째는 '학습 존'이다. 공부하는 공간으로, 책상이나 테이블이 있고 조명이 밝으며 소음이 적은 곳이다. 거실에서 가장 집중하기 좋은 자리를 이 존으로 정한다.

두 번째는 '휴식 존'이다. 쉬는 공간으로, 소파가 있고 TV가 있거나 창밖을 바라볼 수 있는 곳이다. 중요한 건 학습 존과 시각적으로 분리되어야 한다는 점이다. 공부하다 고개를 들었을 때 TV가 보이면 안 된다.

세 번째는 '전이 존'이다. 학습과 휴식 사이의 완충 공간으로, 주방이나 복도가 여기에 해당한다. 간식을 먹거나 잠깐 쉬는 곳이다. 너무 편하지도, 너무 긴장되지도 않은 곳이다. 공부하다 지치면 이 존에서 잠깐 쉬고 다시 학습 존으로 돌아간다.

이 세 존을 명확히 구분하는 게 첫 번째 단계다.

거실 3존

존을 나누는 5가지 방법

방법 1: 가구로 나눈다(가장 간단)

책장이나 수납장을 경계로 놓는다. 학습 존과 휴식 존 사이에 높이 120cm 정도의 책장을 놓으면 시각적으로 공간이 나뉜다. 거실 한쪽에 큰 테이블과 책장을 두고, 책장 너머에 소파와 TV를 배치하면 두 공간이 같은 거실에 있지만 서로 다른 느낌을 준다.

방법 2: 러그로 나눈다

바닥에 러그를 깐다. 학습 존에는 단색 러그, 휴식 존에는 다른 색 러그를. 바닥이 다르면 뇌가 '다른 공간'으로 인식한다. 간단하지만 효과적이다.

방법 3: 조명으로 나눈다

학습 존은 밝게(스탠드+천장 조명), 휴식 존은 어둡게(간접 조명). 빛의 강도가 다르면 공간이 다르게 느껴진다. 저녁이 되면 이 차이가 더 명확해진다.

방법 4: 파티션으로 나눈다(시각 차단 필요 시)

슬라이딩 파티션이나 폴딩 스크린을 쓴다. 공부할 때만 펼치고, 평소엔 접어둔다. 유연하게 공간을 조절해 쓸 수 있다. 주의할 점은 너무 완전히 막으면 안 된다는 것이다. 거실 학습의 장점이 '열린 공간'인데, 벽처럼 막으면 그냥 방이 되어버린다.

방법 5: 높이 레벨 차이로 나눈다(가능한 경우)

존 구분

거실에 단차가 있는 집이라면 활용한다. 높은 곳을 학습 존, 낮은 곳을 휴식 존으로. 바닥 높이가 다르면 자연스럽게 공간이 구분된다.

학습 존의 핵심: 테이블 선택과 배치

거실 학습의 중심은 테이블이다

개인 책상이 아닌, 여러 명이 함께 쓸 수 있는 큰 테이블, 이게 거실 학습의 핵심이다.

적합한 테이블의 조건:

- 크기: 최소 가로 150cm×세로 80cm로, 2명이 나란히 앉을 수 있는 크기여야 한다. 각자 팔을 펼쳐도 부딪히지 않을 정도로, 책과 노트를 동시에 펼칠 수 있는 넓이다.

- 높이: 70~75cm(조절 가능하면 더 좋음)로, 어른과 아이가 함께 쓸 수 있는 높이여야 한다. 의자 높이와 맞춰서 팔꿈치가 90도가 되도록 한다.

- 재질: 원목 또는 무광 마감이 좋다. 너무 반짝이면 조명이 반사돼서 눈이 부시다. 나무 재질이 심리적으로 안정감을 준다. 유광 PVC나 유리는 피한다.

- 형태: 직사각형(정사각형이나 원형 말고)이 좋다. 여러 명이 앉았을 때 각자 영역이 명확하고, 벽에 붙여 놓기도 편해 공간을 효율적으로 활용할 수 있다.

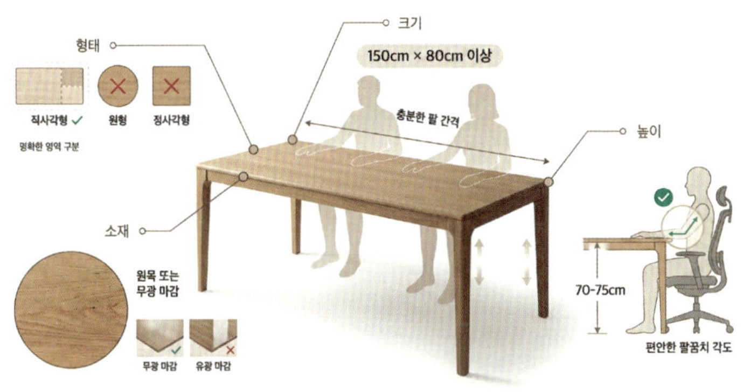

적합한 테이블 조건

테이블을 어디에 놓을 것인가

테이블 배치에는 세 가지 원칙이 있다.

첫째, 창가에 놓되 창문이 정면에 오지 않게 한다. 창문이 정면에 있으면 햇빛이 너무 강해서 눈이 부시다. 커튼을 치면 자연광의 장점을 살릴 수 없다. 빛은 옆에서 들어오는 게 가장 이상적이다. 창문을 왼쪽이나 오른쪽에 두고 테이블을 배치하면, 자연광을 받으면서도 눈부심은 피할 수 있다.

둘째, TV가 시야에 들어오지 않게 한다. 테이블에 앉았을 때 고개를 들면 TV가 보이면 안 된다. 꺼져 있어도 마찬가지다. 검은 화면이라도 눈에 들어오면 집중이 흐트러진다. TV를 등 뒤에 두거나, 파티션으로 가리거나, 슬라이딩 도어 안에 숨기는 게 좋다.

셋째, 출입구가 보이는 위치에 앉는다. 사람은 본능적으로 등 뒤가 불안하다. 벽을 등지고 문을 바라보는 형태로 테이블을 배치하면 안정감을 느끼며 집중할 수 있다.

가족 공용 공간에서 집중력을 키우는 전략

"거실에서 어떻게 집중하지?"

가장 많이 듣는 질문이다. 거실은 열린 공간이다. 소음도 있고, 사람도 오고 가고, TV도 있다. 이런 곳에서 어떻게 공부에 집중할 수 있냐는 것이다. 답은 간단하다. 환경을 통제하면 된다. 집중력은 타고나는 게 아니라 만들어지는 것이다. 거실을 집중 가능한 공간으로 바꾸면 된다.

집중력을 만드는 6가지 장치

장치 1: 학습 시간 규칙을 정한다

"오후 7시부터 9시까지는 학습 시간"이라고 정한다. 이 시간에는 온 가족이 지킨다. TV를 켜지 않고 큰 소리로 통화하지 않는다. 시끄러운 일도 하지 않는다(청소기, 믹서기 사용 등). 각자 조용한 활동을 한다(독서, 업무, 공부 등). 규칙이 있으면 집중할 수 있지만 반대로 규칙이 없으면 혼란스럽다.

장치 2: 시각적 신호를 만든다

학습 시간이 시작되면 신호를 보낸다. 거실 조명을 바꾸거나(밝은 조명 → 집중 조명), 타이머를 놓는다(시각적으로 시간을 보여줌). '공부 중' 표지판을 테이블 위에 세우는 것도 방법이다. 신호가 명확하면 뇌가 '지금은 집중할 시간'이라고 인식한다.

장치 3: 소음을 관리한다

완벽한 무음은 불가능하니 목표를 40데시벨 이하로 설정한다. 이는 조용한 도서관 수준이다. 거실 바닥에 러그를 깔면 발소리가 줄어들고, 벽에 패브릭 포스터나 커튼을 달면 소리를 흡수할 수 있다. 주방과 거실 사이에 파티션을 설치하면 요리 소음을 차단할 수 있고, 현관문에 무음 문닫힘 장치를 설치하면 문 닫는 소리를 제거할 수 있다. 백색소음 기기나 앱을 사용하는 것도 집중에 도움이 된다.

장치 4: 방해 요소를 제거한다

집중을 방해하는 물건들을 치운다. 핸드폰은 학습 시간에는 주방 서랍에 모아둔다. 태블릿이나 게임기는 부모 방에 보관하고 과자나 음료는 학습 존에서 1m 이상 떨어진 곳에 둔다. 장난감은 보이지 않는 수납장 안으로 치운다.

장치 5: 집중 의식을 만든다

공부를 시작하기 전에 짧은 의식을 한다. 1~2분이면 충분하다. 테이블을 깨끗이 닦고, 필요한 물건만 꺼내서 정리한다. 그러고는 깊게 숨을 3번 쉰다. '지금부터 1시간 집중한다'라고 속으로 말한다. 의식이 있으면 마음이 준비되고, 곧 공부 모드로 전환된다.

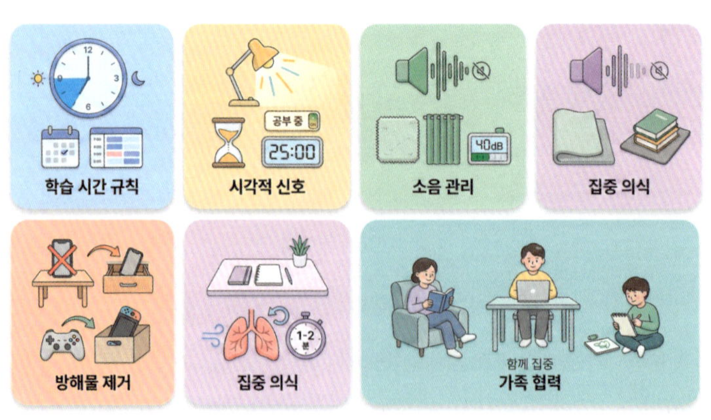

집중할 수 있는 분위기를 만드는 장치들

장치 6: 가족 모두가 조용한 활동을 한다

아이만 공부하고 부모는 TV를 보면 안 된다. 대신 엄마는 독서하거나 업무를 보고 아빠는 신문을 읽거나 서류 작업 등을 한다. 동생은 그림 그리거나 조용한 놀이를 한다. 온 가족이 조용히 각자 할 일을 하면 자연스럽게 집중할 수 있는 분위기가 만들어진다.

효과적인 수납 시스템 구축

거실 학습할 때 지저분해진다면

거실에서 공부하면 물건이 산더미처럼 쌓인다. 책, 노트, 필통, 프린트물, 학용품… 정리가 안 된다. 거실이 엉망이 되면 결국 '역시 방에서 공부하는 게 낫겠어'라며 포기한다.

문제는 수납이다. 거실에는 학용품을 수납할 곳이 없다. TV 거치대나 장식장만 있다. 공부용 물건을 둘 곳이 없으니 테이블 위에 쌓이는 것이다. 해결책은 학습 존에 전용 수납 공간을 만드는 것이다.

거실 학습을 위한 수납 원칙

원칙 1: 수납장은 학습 테이블 옆 1m 이내에

멀면 안 쓴다. 가까워야 쓴다. 행동경제학자 션 애커[Shawn Achor]가 제안한 '20초 규칙'을 기억하자. 어떤 행동을 시작하는 데 20초 이상 걸리면 귀찮아서 하지 않게 된다. 학용품도 마찬가지다. 테이블 바로

수납 원칙 – 20초 규칙과 거리

옆에 수납장을 둔다. 앉은 채로 손을 뻗으면 닿는 거리에. 서랍이나 바구니에 학용품을 넣는다.

원칙 2: 투명하게 보이거나 라벨을 붙인다

어디에 뭐가 있는지 모르면 못 찾는다. 시간 낭비고, 집중력도 흐트러진다. 투명한 수납함을 사용하고, 각 서랍/바구니에 라벨을 붙인다. "연필/지우개", "노트", "교과서", "참고서" 등으로 구분한다.

원칙 3: 사용 빈도별로 높이를 다르게

자주 쓰는 것은 허리 높이(70~100cm)에, 가끔 쓰는 것은 위나 아래에 둔다. 상단(120cm 이상)에는 계절 교재, 보관용 자료를, 중단(70~120cm)에는 현재 쓰는 교과서, 노트, 필기구를, 하단(70cm 이

하)에는 무거운 책, 프린트물을 보관한다.

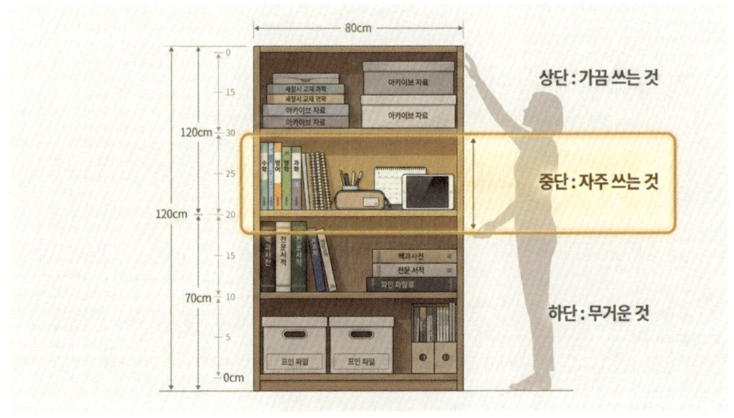

수납 높이별 배치 원칙

원칙 4: 개인별 공간을 나눈다(형제자매가 있을 때)

누나 것, 동생 것이 섞이면 싸운다. "이거 내 거야!", "아니야, 내 거야!" 이런 일이 반복되면 거실 학습은 불가능하다. 서랍이나 바구니를 개인별로 나눈다. 색깔로 구분하거나 이름표를 붙인다. 각자 자기 것만 관리한다.

원칙 5: 학습 끝나면 5분 정리 시간을 갖는다

아무리 좋은 수납 환경도 정리하지 않으면 소용없다. 학습 시간이 끝나면 5분 동안 모든 물건을 제자리에 돌려놓는다. 테이블 위는 깨끗이 비우고 쓴 물건은 수납장에 넣는다. 내일 쓸 교재만 테이블 한쪽에 놓는다. 그러면 다음날 깨끗한 테이블에서 시작할 수 있다.

거실 학습 수납의 3가지 유형

유형 1: 책장형 수납(가장 보편적)

3~4단으로 구성된 높이 120cm, 폭 80cm 정도의 오픈 책장을 테이블 바로 옆에 배치한다.

장점은 모든 물건이 보이고 꺼내기 쉽다는 것이다. 공간 구분 역할도 한다(학습 존과 휴식 존 사이 경계). 단점은 너무 많이 보이면 산만할 수 있고, 정리를 안 하면 지저분해 보인다는 것이다. 해결책으로 하단 1~2단만 오픈하고 상단은 문이나 커튼으로 가린다. 그리고 바

거실 수납 유형 – 책장형

구니나 박스를 이용해서 카테고리별로 묶는다.

유형 2: 서랍형 수납(깔끔 선호형)

3~5개 서랍으로 구성된 높이 70~80cm, 폭 60~80cm의 서랍장을 테이블 밑이나 옆에 배치한다.

장점은 깔끔하다는 것이다(물건이 안 보임). 먼지도 안 쌓이고, 시각적으로 정돈된 느낌이 든다. 단점은 어디에 뭐가 있는지 기억해야 하고, 서랍을 열고 닫는 게 번거로울 수 있다는 것이다. 해결책으로 서랍 앞면에 투명 라벨을 부착하고, 사용 빈도가 높은 것은 맨 위 서랍에 둔다. 서랍이 부드럽게 열리는 제품을 선택한다.

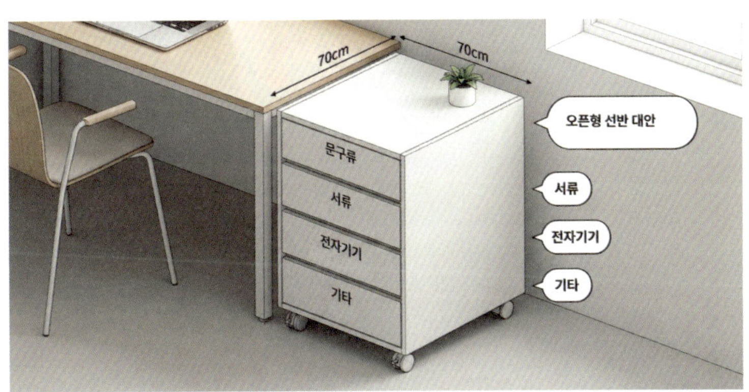

거실 수납 유형 – 서랍형

유형 3: 이동형 수납(유연성 최고)

3~4단으로 구성된 바퀴 달린 수납 카트를 필요할 때 테이블 옆

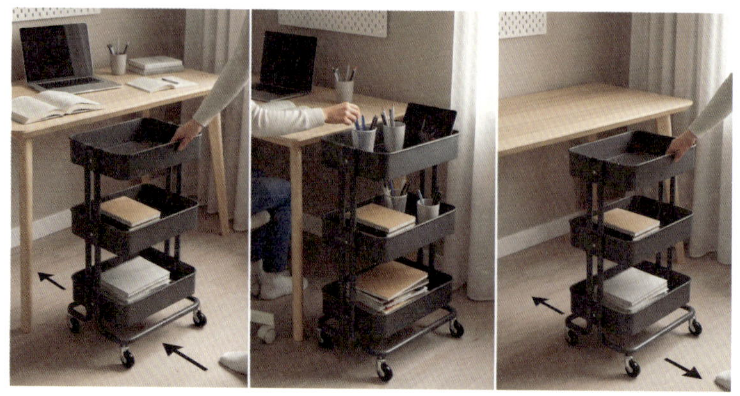

거실 수납 유형 – 이동형 카트

으로 가져온다.

장점은 장소를 자유롭게 이동할 수 있다는 것이다. 청소할 때 밀어두기도 편하다. 단점은 고정되지 않아서 무거운 책을 많이 담으면 이동하기가 힘들다는 것인데, 해결책으로 바퀴 잠금장치가 있는 제품을 선택하고, 자주 쓰는 것만 담는다.

거실 학습 공간, 이렇게 시작하자

1단계: 현재 거실 평가하기(30분)

체크리스트:

- 거실 크기 측정(가로×세로)

- 창문 위치와 방향 확인

- TV 위치 확인

- 현재 가구 배치 사진 촬영

- 학습 존으로 쓸 수 있는 공간 찾기

2단계: 최소 투자로 시작하기(1주)

예산: 30~50만원

구입 목록:

- 테이블: 150cm×80cm(15~25만 원)

- 스탠드: LED 스탠드 2개(6~10만 원)

- 수납: 3단 책장 또는 이동식 카트(5~10만 원)

- 러그: 학습 존용(3~5만 원)

배치:

- 테이블을 창가에 배치(옆 채광)

- 책장을 테이블 옆이나 뒤에

- 러그로 학습 존 표시

- 스탠드 설치

3단계: 규칙 만들기(가족 회의)

정할 것:

- 학습 시간: 언제부터 언제까지?

- TV 규칙: 학습 시간에는 *끄기*

- 소음 규칙: 조용히 하기

- 간식 규칙: 어디서 먹을지

- 정리 규칙: 누가, 언제?

4단계: 2주 시범 운영

첫 2주는 시험 기간이다. 매일 학습 시간에 거실에서 공부한다. 문제점을 기록한다. 주말에 가족 회의로 조정한다.

5단계: 보완 및 정착(1개월)

시범 운영 후 개선:

- 테이블 위치 조정

- 조명 추가/변경

- 수납 방식 개선

- 규칙 수정

거실 학습 공간 조성 5단계 실행 로드맵

집이 바뀌면 아이가 바뀐다

POINT

거실 학습 공간을 만드는 건 가구를 사고 배치하는 일이 아니다. 가족이 함께 배우는 문화를 만드는 일이다. 같은 공간에서 각자 일에 집중하고, 필요할 때는 서로 돕는다. 공부가 끝나면 함께 쉰다. 이런 과정이 반복되면 아이는 배운다. 공부는 혼자 하는 외로운 일이 아니라, 가족과 함께하는 일상이라는 것을.

거실이 바뀌면 집이 바뀐다. 집이 바뀌면 아이가 바뀐다. 지금 당장 거실을 둘러보자. 학습 존을 만들 수 있는 자리가 보이는가? 그곳에서부터 시작하자.

3장

거실 학습의
성공 사례

한국 가정이 배우고 적용한 새로운 공간 문화

"자녀에게 각자의 방을!"

1970년대부터 1980년대까지 아파트 광고를 보면 이 문구가 반복됐다. 당시는 한국 경제가 빠르게 성장하던 시기였다. 사람들은 가난에서 벗어나기 시작하며 더 나은 삶을 꿈꿨다. 그리고 그 꿈의 중심에는 자녀에게 각자의 방을 만들어주는 것이 있었다.

왜였을까? 이전 세대를 생각해보자. 1960년대, 그 이전, 한 집에 온 가족이 함께 살았다. 방 하나에 부모, 아이들이 모두 모여 잤다. 공부는 부엌 식탁에서 했다. 호롱불 아래서, 나중에는 백열등 아래서. 형제자매도 많았다. 다섯, 여섯, 일곱. 조용한 공간 같은 건 없었다. 공부할 자리도 부족했다. 책상? 그런 건 꿈도 못 꿨다. 그랬던 아이들이 부모가 돼서 생각했다. '내 아이들은 이렇게 살게 하면 안 돼', '각자 방을 주고 싶어', '책상을 놓아주고 싶어', '조용히 공부하게 해주고 싶어'라고. 각자의 방은 단순한 공간이 아니었다. 성공의 상징이었다. 우리 집은 이제 가난하지 않다는 증거였다. 내 아이는 나보다 더 나은 환경에서 자란다는 자부심이었다. 부모로서 해줄 수 있는 최선이었다.

그래서 1970~2000년대를 거치며 한국의 부모들은 하나같이 같은 목표를 갖게 됐다. '아이마다 방 하나씩, 형제자매가 있으면 각자 방을 줘야 한다. 좁더라도, 부모가 거실에서 자더라도, 아이들에게는 각자의 방을 만들어주자.' 이게 한국의 독특한 방 문화로 자리 잡히게 됐다.

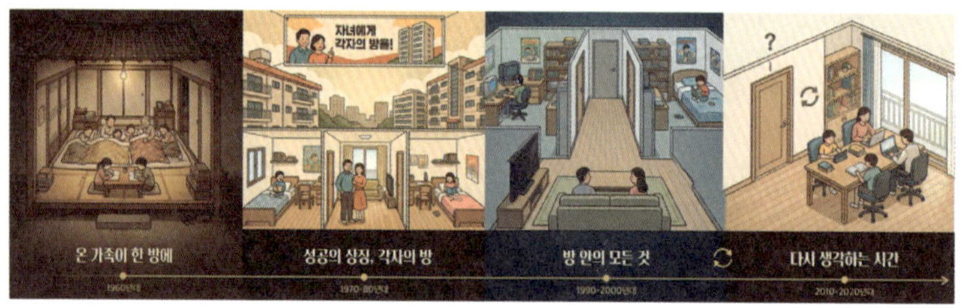

한국 '방 문화'의 역사

각자의 섬

하지만 좋은 의도가 항상 좋은 결과를 만드는 건 아니다. 각자의 방을 갖게 된 아이들은 어떻게 됐을까? 방에 들어가면 문을 닫는다.

각자의 섬

공부도 방에서, 게임도 방에서, 잠도 방에서… 하루 종일 방에 있다. 나오는 건 밥 먹을 때뿐이다.

부모는 아이가 뭐 하는지 모른다. 방문 너머로 들리는 소리만 듣는다. 키보드 소리, 마우스 클릭 소리, 가끔 웃음소리만 들릴 뿐이다. "공부하고 있니?" 하고 물으면 "응" 하고 답은 들리지만 문은 열리지 않는다. 형제자매끼리도 멀어진다. 각자 방에 있으니 얼굴을 볼 일이 없다. 옆방에 살지만 하루 종일 안 본다. 필요한 말은 문자로 한다.

가족이 함께 있는 시간은 저녁 식사 30분. 그것도 TV를 보거나 각자 핸드폰을 보면서다. 대화는 없다. 각자의 방은 자유와 독립을 줬지만, 동시에 고립을 만들었다. 각자의 섬이 된 셈이다. 그럼 다른 나라는 어떻게 살까?

일본: 거실 중심의 가정 생활

일본도 한국과 비슷하게 아파트가 넓지 않다. 그런데 일본 가정을 보면 아이 방의 역할이 다르다. 일본에서 아이 방은 주로 수면과 개인 물건 보관을 위한 공간이다. 물론 책상도 있지만 많은 아이들은 실제로 그 책상에서 공부를 하지 않는다. 공부는 주로 거실 식탁에서 한다. 특히 초중등학생일수록 그렇다.

일본 가정의 거실을 보면 큰 식탁이 중심에 있다. 여기서 식사를 하고, 숙제를 하고, 부모가 업무를 보고, 아이가 그림을 그린다. 모두 한 공간에 있지만 각자 할 일을 한다. 그리고 방은 어떻게 쓸까? 저녁이 되면 방에 들어간다. 샤워하고, 옷 갈아입고, 잔다. 아침에 일어나면 나온다. 방은 활동 공간이 아니라 휴식 공간이다.

미국: 자립과 존중의 공간

미국은 한국이나 일본보다 집이 넓다. 그러니 아이마다 방을 주는 게 어렵지 않다. 실제로 대부분의 중산층 가정에서 아이들은 각자 방을 갖는다. 하지만 미국의 아이 방은 한국과 쓰임새가 다르다. 미국에서 아이 방의 원래 개념은 1600년대 영국에서 시작됐다. 청교도들이 미국으로 이주하면서 이 전통을 가져왔다. 당시 사상의 근간은 개인과 사생활에 대한 존중이었다.

그래서 미국 가정을 보면 저녁 시간에 온 가족이 거실에 모인다. 저녁 식사는 주로 다이닝 룸이나 주방의 아일랜드 테이블에서 한다. 식사 후에는 거실 소파에 앉아 TV를 보거나 이야기를 나눈다. 숙제도 여기서 한다. 특히 초등학생들은 주방 테이블에서 숙제하는 게 일반적이다. 학습은 소통이고 상호작용이다. 가족이 함께 있는 공간에서 해야 한다고 믿는다.

동서양의 차이, 공통점은?

일본과 미국, 두 나라는 문화가 완전히 다르지만 아이 방의 쓰임새에서는 비슷한 점이 있다.

첫째, 방은 '수면과 휴식'의 공간이다. 공부와 활동은 가족이 함께 쓰는 공용 공간에서 이루어진다. 아이 방은 개인 시간, 잠, 회복을 위한 최소한의 공간이다.

둘째, 거실은 가족 생활의 중심이다. 식사, 대화, 학습, 놀이가 모두 거실에서 이루어진다. 부모와 아이는 하루의 대부분을 자연스럽게 같은 공간에서 보낸다.

셋째, 학습은 고립이 아니라 소통이다. 혼자 방에 틀어박혀 공부

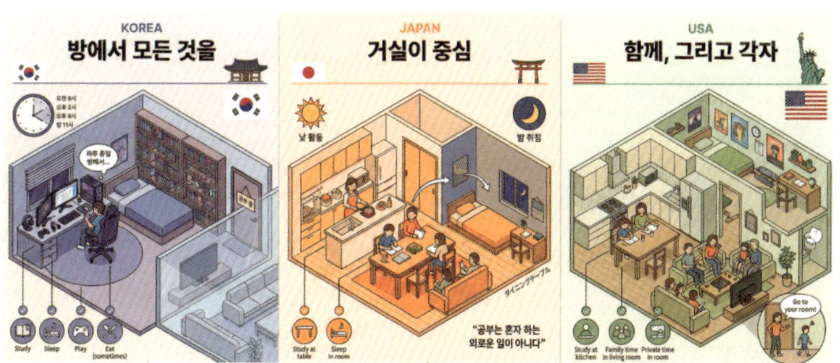

세계의 아이 방 문화 비교

하는 것이 최선은 아니다. 질문하고, 의논하고, 함께 해결하는 과정 자체가 학습이다.

반면 한국만 다르다. 우리는 방을 모든 걸 하는 곳으로 만들었다. 공부, 게임, 수면, 휴식 등을 전부 방에서 한다. 그러다 보니 아이는 방에서 나올 이유가 없어지게 됐다.

집 안의 학습 공간, 선택의 자유를 주다

나는 오래전부터 교육 공간을 설계해온 디자이너로서 하나의 흥미로운 제안을 해보고자 한다. 사무실에서 직원들이 고정된 자리가 아닌 그날의 업무와 기분에 따라 자유롭게 자리를 선택하는 것처럼, 집에서도 아이가 과목이나 학습 내용, 시간대에 따라 자유롭게 장소를 선택하여 공부할 수 있도록 하자는 것이다. 고정된 한 곳에만 앉아 있는 것이 아니라, 필요에 따라 움직이는 것, 이것이 핵심이다.

장소를 옮겨가며 공부하기

집 안 곳곳을 학습 가능한 공간으로 만든다.

- 거실 소파: 책 읽기, 암기 과목 위주(편안한 자세로)
- 식탁: 노트 필기, 숙제(넓은 면적 필요)
- 주방 아일랜드: 가벼운 복습(엄마 곁에서)
- 서재 책상: 집중이 필요한 수학, 과학 문제

－아이 방 책상: 혼자만의 시간이 필요할 때 아이는 그날의 기분,
과목 특성, 집중 정도에 따라 장소를 선택한다. 고정된 한 곳이
아니다. 필요에 따라 움직인다.

이렇게 하면 무엇이 달라지는가

첫째, 공간의 변화가 학습 의욕을 유지시킨다. 공간을 바꾸면 뇌
가 새로운 자극을 받는다. 이 신선함이 의욕을 되살린다.

둘째, 각 공간의 특성을 활용해 효율적인 학습을 할 수 있다. 모든
공부가 같은 환경에서 잘 되는 건 아니다. 영어 단어 암기는 소파에
서, 수학 문제 풀기는 조용한 서재에서, 역사 요약 정리는 식탁에서
처럼 공간이 다르면 학습 방식도 달라진다.

셋째, 자발적이고 유연한 학습 습관이 형성된다. 아이는 스스로

집 안의 학습 공간 지도

결정한다. '오늘은 여기서 해야겠어.' 이 작은 선택이 쌓이면 자기 주도성이 생긴다. 부모가 방 들어가서 공부하라고 명령하지 않아도 아이가 알아서 움직인다.

넷째, 가족과 자연스럽게 연결된다. 거실에서 공부하다가 막히면 주방에 있는 엄마에게 물어보기도 하는 등 공부하면서도 가족과 자연스럽게 연결된다.

한국 가정의 성공 사례들

이제 실제로 여러 학습 공간을 활용하는 방식을 적용한 한국 가정들의 이야기를 들어보자.

사례 1: 김민지(가명) 씨 가족(서울 마포구, 32평)

변화 전: 중학교 1학년 딸 수아와 초등학교 4학년 아들 준혁은 각자 방에서 공부했고, 방문은 늘 닫혀 있었다. 아이들이 거실로 나오는 시간은 저녁 식사 때뿐. 민지 씨는 아이들이 무엇을 공부하는지, 어떤 하루를 보내는지 거의 알지 못했다. 대화는 거의 없다.

전환점: 2023년 여름, 민지 씨는 수아의 성적표를 보고 충격을 받았다. 수학 성적이 많이 떨어져 있었기 때문이다. 그때 일본 교육 관련 기사를 읽었다. 거실 학습에 대한 이야기였다. 반신반의했지만 기사처럼 한번 집 구조를 바꿔보기로 결심한다.

변화 후: 거실 식탁을 가족의 학습 공간으로 재구성했다. 테이블은 기존보다 큰 180cm 식탁으로 교체했고, 식탁 옆에는 교재와 필

기구를 정리할 수 있는 3단 수납 카트를 배치했다. 또 하나의 중요한 변화는 규칙이었다. 저녁 7시부터 9시 30분까지는 '공동 집중 시간'으로 정했다. 이 시간 동안 TV는 끄고, 가족 모두가 조용한 활동을 하기로 약속했다.

결과(6개월 후): 수아의 수학 성적이 상승했다(70점대에서 85점대). 가족 간 대화 시간도 하루 평균 15분에서 1시간으로 증가했다.

핵심 변화: 공간을 바꾸니 관계가 바뀌었다. 아이들은 더 이상 '각자의 섬'에 갇혀 있지 않는다.

사례 2: 이준호(가명) 씨 가족(경기 성남, 25평)

변화 전: 초등학교 5학년 쌍둥이 형제 민수와 민재는 좁은 방 하나를 함께 사용했다. 사소한 일로 자주 다투었고, 공부에 집중하기도 어려웠다. 아빠인 준호 씨는 '방을 두 개로 나눠줘야 하나'를 진지하게 고민하고 있었다.

전환점: 집이 25평이라 방 두 개를 만들 수 없었다. 그러다 우연히 블로그에서 거실 학습 이야기를 읽게 된다.

변화 후: 집 안 곳곳에 작은 학습 공간을 만들었다. 거실에는 150cm 크기의 테이블을 두고, 주방 아일랜드도 공부할 수 있는 공간으로 활용했다. 아이들 방에는 기존 책상을 그대로 두되, 선택권을 아이들에게 주었다. 규칙은 단 하나, "어디서 공부하든 좋지만, 서로를 방해하지 않는다."

결과(3개월 후): 민수는 주로 거실 테이블을 사용했다. 엄마가 보이는 곳에서 공부하는 게 더 편하다고 했다. 민재는 아침에는 거실, 저녁에는 자기 방을 선택했다. 혼자 있는 시간이 필요했기 때문이다. 형제 간 다툼은 눈에 띄게 줄었고, 두 아이 모두 집중력이 좋아졌다.

핵심 변화: 고정된 공간의 부족이 문제가 아니었다. 선택의 자유를 주니 문제가 해결됐다.

사례 3: 박지원(가명) 씨 가족(부산 해운대, 40평)

변화 전: 고등학교 1학년 딸 서연과 중학교 2학년 아들 지훈은 각자 넓은 방을 사용했다. 방 안에는 책상, 침대, 책장, 소파까지 모두 갖춰져 있었다. 아이들은 하루 종일 방에만 머물렀고, 부모와의 대화는 점점 줄어들었다.

전환점: 서연이가 학교 상담 선생님께 "집이 너무 쓸쓸해요"라고 말했다는 걸 알게 된다. 지원 씨는 충격을 받았다. 좋은 방을 준 게 오히려 아이들을 고립시켰다는 것을 깨달았다.

변화 후: 거실을 가족 공동의 학습 공간으로 다시 설계했다. 200cm 대형 테이블과 각자 사용할 스탠드를 마련했다. 아이들 방은 수면과 휴식, 개인 시간을 위한 공간으로 역할을 분리했다. 저녁 7시부터 9시까지는 온 가족이 거실에 모여 공부하거나 책을 읽는 시간을 갖기로 했다.

결과(1년 후): 가족 대화 시간은 주당 3시간에서 15시간으로 늘어났다. 두 아이 모두 성적 또한 향상됐다.

핵심 변화: 넓은 방이 행복을 보장하지 않는다. 함께 있는 공간이

더 중요하다.

사례 4: 최은영(가명) 씨 가족(서울 강남, 20평)

변화 전: 초등학교 6학년 딸 유진의 6평 남짓한 방에는 책상, 침대, 옷장이 꽉 들어차 있었다. 유진은 방이 답답하다고 자주 말했고, 은영 씨는 '더 큰 집으로 이사해야 하나'를 고민했다.

전환점: 이사는 현실적으로 어려웠다. 유튜브에서 일본 가정의 거실에서 학습하는 영상을 보게 된다.

변화 후: 집 안 여러 곳에 학습 공간을 나눠 배치했다. 유진은 주로 거실 테이블에서 공부했다. 아이 방에서는 책상을 빼고, 침대와 옷장만 남겼다. 대신 거실에 책장을 추가해 학습 중심 공간을 분리했다. 방은 '자는 곳'으로 역할만 썼다.

결과(4개월 후): 유진은 방이 넓어져 만족했고 성적도 향상됐다.

한국 가정의 성공 사례들

집중력이 좋아졌기 때문이다. 은영 씨는 "이사 안 해도 되겠어요"라며 웃는다.

핵심 변화: 방의 크기보다 쓰임새가 중요하다. 기능을 분리하니 모든 공간이 넓어졌다.

성공 사례들의 공통점

위 네 가정의 이야기를 보면 공통점이 있다.

첫째, 방의 역할을 재정의했다. 방은 더 이상 '모든 것을 해결하는 공간'이 아니었다. 공부도, 휴식도, 놀이도, 혼자만의 시간도 모두 방 안에서 해결하려 했던 방식을 내려놓았다. 방은 수면과 휴식을 위한 곳으로 쓰임이 단순화됐고, 거실은 가족이 함께 머물며 활동하고 배우는 중심 공간이 되었다.

둘째, 공간 선택의 자유를 주었다. 공부는 반드시 한 자리에서 해야 한다는 고정관념을 버렸다. 아이들은 그날의 필요와 기분에 따라 장소를 선택했다. 중요한 것은 아이가 스스로 선택했다는 감각이었다.

셋째, 가족이 함께 있는 시간이 늘었다. 각자의 방에 흩어져 고립되어 있던 시간이 줄어들었다. 같은 공간에 머물되 각자 자신의 일을 하는 시간이 늘었다. 그 결과 의도하지 않아도 자연스러운 대화와 소통이 따라왔다.

넷째, 부모의 역할이 바뀌었다. 부모는 더 이상 감시자나 명령자가 아니다. 같은 공간에 함께 머물며, 필요할 때 도움을 주는 존재가 되었다. 그러면서 부모는 자연스럽게 아이들의 '롤모델'이 되었다.

다섯째, 성적뿐 아니라 관계가 좋아졌다. 점수만 오른 게 아니다. 가족 간의 정서적 유대가 더욱 단단해졌다.

실패 사례도 있다

물론 모든 가정이 성공하는 건 아니다. 실패하는 경우도 있다.

실패 사례: 정수진(가명) 씨 가족

시도: 거실에 테이블을 하나 놓았다. 그리고 아이들에게 "이제 거실에서 공부해보자"고 말했다.

결과: 3일 만에 포기했다. 아이들은 "집중이 안 돼요. TV 소리 들려요"라고 말했다.

실패 이유: 첫째, 규칙이 없었다. 학습 시간에도 TV를 켰고, 동생이 옆에서 시끄럽게 놀았다. 둘째, 가족의 동의가 없었다. 엄마만 원

실패 사례와 성공 요인 비교

했다. 아빠는 "그냥 방에서 하면 되지"라고 했다. 셋째, 수납 공간이 없었다. 학용품을 매번 방에서 가져와야 했다.

결론: 거실 학습은 단순히 장소만 바꾸는 게 아니라 가족 전체의 생활 방식을 바꾸는 것이다. 모두의 동의와 협조, 명확한 규칙, 적절한 환경 조성이 필요하다.

한국의 '각자의 방' 문화는 가난에서 벗어나고자 하는 부모의 사랑에서 시작됐다. 좋은 의도지만 이제는 다시 생각해볼 때다. 각자의 방을 주는 게 정말 최선일까? 아이를 방에 보내는 게 아이를 위하는 길일까?

일본과 미국의 사례에서 보았듯 방은 수면과 휴식을 위한 곳으로 쓰여도 충분하다. 오히려 그래야 한다. 학습과 생활은 가족이 함께 있는 공간에서 일어나야 한다.

공간 선택의 자유는 그 중간 지점을 제시한다. 고정된 방도 아니고, 완전히 열린 공간도 아니다. 아이가 필요에 따라 선택할 수 있는 유연한 방식이다. 혼자 있고 싶으면 방으로 가고, 함께 있고 싶으면 거실로 나오면서, 집중이 필요하면 조용한 곳으로, 편안함이 필요하면 소파로 가도록 선택하는 것이다.

이게 새로운 방 문화다. 고립이 아니라 연결, 명령이 아니라 선택, 감시가 아니라 동행. 앞서 본 성공 사례들이 증명한다. 집의 크기, 방의 개수는 중요하지 않다. 어떻게 공간을 쓰느냐가 중요하다. 그리고 가족이 어떻게 함께 있느냐가 중요하다.

지금 당장 집을 둘러보자. 아이의 방문이 닫혀 있는가? 거실은 텅 비어 있는가? 온 가족이 각자의 공간에 흩어져 있는가? 그렇다면 바꿀 시간이다. 거실 한쪽에 테이블을 놓고, 가족이 함께 앉을 공간을 만들자. 아이의 방은 수면을 위한 곳으로 재정의하자. 학습은 거실에서, 대화는 식탁에서, 휴식은 소파에서. 그렇

가족이 어떻게 함께 있느냐가 중요하다

게 시작하면 된다. 3개월이면 변화가 보인다. 6개월이면 습관이
되고, 1년이면 가족이 달라질 것이다다.

테마 3. 연결과 집중 사이

어린아이는 엄마 곁을 떠나지 못한다. 심리학에서는 이를 '안전 기지Secure Base'라고 부른다. 영국의 정신과 의사 존 볼비John Bowlby가 제안한 애착 이론의 핵심 개념이다. 아이는 부모라는 안전 기지가 있어야 세상을 탐색할 용기를 얻는다. 낯선 환경에서도 '엄마가 저기 있어'라는 확신이 있으면 불안하지 않다.

공부도 마찬가지다. 특히 초등학교 저학년에게 혼자 방에서 공부하라는 건 안전 기지 없이 정글에 던져지는 것과 같다. 외롭고, 불안하고, 금방 포기한다. 이 시기에는 '같이'가 먼저다. 거실에서, 부모가 보이는 곳에서, 가족의 생활 소리가 들리는 환경에서 공부해야 한다.

하지만 성장하면서 달라진다. 스위스의 발달심리학자 장 피아제Jean Piaget에 따르

거실에서 공부하는 아이들

면, 11~12세 이후 아이들은 '형식적 조작기'에 진입한다. 추상적 사고, 가설적 추론, 체계적 문제 해결이 가능해지는 시기다. 이때부터 깊은 사고를 위한 고독이 필요해진다.

중학생이 복잡한 수학 문제를 풀 때나 고등학생이 논술 글을 구상할 때는 혼자만의 조용한 시간이 필요하다. 이때는 거실의 생활 소음이 오히려 방해가 된다. 이 시기에는 '따로'의 비중이 커져야 한다.

그렇다면 정답은 무엇인가? 거실인가, 방인가? 둘 다. 그리고 둘 사이를 자유롭게 오가는 것이다. 다수의 교육 심리학 연구에 따르면, 학습 공간을 선택할 수 있는 자율성은 내적 동기를 높이고 학습 지속 시간을 늘린다. 선택의 자유가 주는 통제감이 핵심이다.

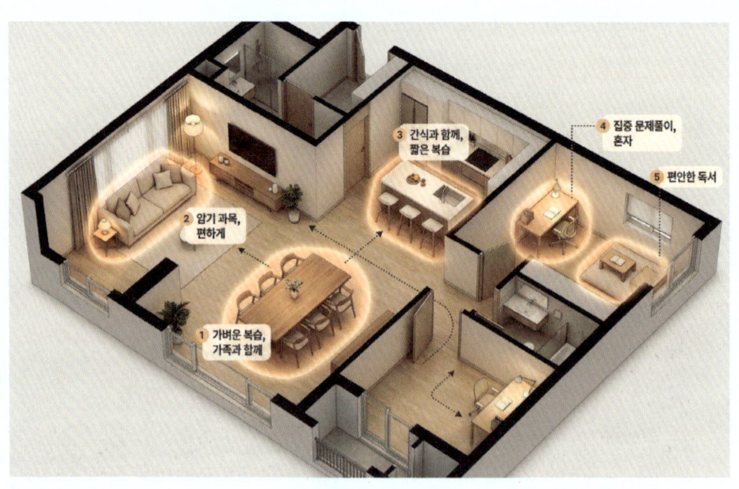

장소 이동하면서 공부하기

'따로 또 같이'는 이 유연함을 말한다. 가벼운 복습은 거실에서 가족과 함께, 집중이 필요한 문제 풀이는 방에서 혼자서, 암기 과목은 소파에서 편하게, 논술 준비는 책상에서 깊이 있게, 과목의 특성에 따라, 그날의 컨디션에 따라, 필요한 집중도에 따라 공간을 선택한다. 이것이 가능하려면 집 안에 여러 학습 공간이 있어야 한다. 거실 테이블, 방 책상, 주방 아일랜드, 소파 옆 사이드 테이블. 각각의 공간이 서로 다른 학습 환경을 만든다.

그리고 가족이 함께 있되 서로의 집중을 방해하지 않는 문화가 필요하다. 같은 공간에서 각자의 일을 하는 시간, 고개를 들면 가족이 보이지만 말을 걸지 않아도 되는 편안함. 이것이 '따로 또 같이'의 완성이다.

연결과 집중, 이 둘은 모순이 아니다. 오히려 서로를 강화한다. 연결되어 있다는 안심이 깊은 집중을 가능하게 하고, 집중한 후의 휴식에서 진정한 연결이 일어난다. 거실과 방, 함께와 혼자, 열림과 닫힘, 이 사이를 자유롭게 오가는 아이가 건강하게 성장한다.

학습을 돕는 환경의 디레일

공부를 하게 만드는 공간의 조건

1장

효과적인 책장 배치와 도서 진열

지식이 보이는 곳에서 호기심이 자란다

책등만 빼곡히 꽂힌 책장

대부분의 집 책장이 그렇다. 책을 사면 책등이 보이게 꽂는다. 제목이 보이도록, 가나다순으로, 또는 크기순으로 정렬한다. 빈틈없이 빽빽하게. 책장이 꽉 차면 뿌듯하다. '우리 집에 책이 이렇게 많아' 하고.

하지만 아이는 그 책장을 보지 않는다. 왜일까? 책등만 보이는 책장은 아이에겐 암호 목록이나 다름없다. 제목은 보이지만 내용은 알 수 없으니까 흥미를 끌지 못한다. 그냥 벽처럼 보이거나 장식품이다.

한번 아이에게 물어보자.

"이 중에 읽고 싶은 책 있어?"

그러면 아이는 5초간 책장을 훑어본다.

"음… 잘 모르겠는데."

책이 100권이 있어도 선택하지 못한다. 너무 많아서 오히려 선택하기가 어렵고, 제목만으로는 판단이 안 된다. 결국 책은 그대로 꽂히고 먼지만 쌓일 뿐이다. 그리고 아이는 핸드폰을 든다.

서점과 도서관은 다르다

서점에 가보자. 신간 코너는 어떻게 진열돼 있는가? 책등이 보이는가? 아니다. 표지가 보인다. 책을 세워놓지 않고 펼쳐놓는다. 표지의 그림, 색깔, 제목이 한눈에 들어온다. 우리는 자연스럽게 멈춰 서서 '이 책 뭐지?' 하며 표지를 들여다본다. 궁금해지니 집어든다. 뒷면을 읽고 첫 페이지를 펼친다. 구매까지는 5분이면 충분하다. 이게 시각적 유혹이다. 서점은 안다. 책등만 보여주면 팔리지 않는다는 것을, 표지를 보여줘야 손이 간다는 것을.

도서관은 어떤가? 책등으로 빼곡하다. 하지만 도서관에는 사서가 있다. 추천 도서 코너가 있다. '이달의 책', '테마 전시', '사서 추천', 여기는 표지가 보이게 진열한다. 그러면 사람들은 그 코너로 몰린다.

자, 그럼 우리 집 책장은? 서점처럼 표지를 보여주는가? 도서관처럼 추천 코너가 있는가? 아니다. 그냥 꽂혀 있다. 아무 장치도 없다. 그러니 아이가 안 읽는 게 당연하다.

"엄마, 나 이 책 읽었어요!"

초등학교 3학년 민서 엄마 이정아 씨는 고민이 많았다. 집에 책이 200권도 넘는데 민서는 책을 안 읽었다. "책 좀 읽어" 하면 "싫어요" 한마디로 끝이었다.

어느 날 정아 씨는 책장을 바꿨다. 200권을 다 꽂아두지 않았다. 민서가 지금 관심 있어 할 만한 책 10권만 골랐다. 공룡 책 3권, 과학 만화 2권, 재미있었던 이야기책 3권, 학교에서 배운 주제 관련 책 2권. 그리고 표지가 보이게 진열했다. 책장 한 칸을 비우고, 책을 세우지 않고 기대어 세웠다. 표지가 정면으로 보이도록. 나머지 190권은? 별도 수납박스에 넣어서 창고에 보관했다.

3일 후, 민서가 말했다.

"엄마, 나 이 책 읽었어요!"

표지 진열 vs 책등 진열 비교

공룡 책이었다. 정아 씨는 놀랐다.

"정말? 언제 읽었어?"

"그냥 보이길래요."

보이길래, 이게 핵심이다. 책등만 보이면 암호지만 표지가 보이면 초대다. 책의 세계로 오라는 초대. 일주일에 한 번씩 정아 씨는 책을 교체했다. 민서가 읽은 책은 빼고, 새로운 책을 넣었다. 그러면 민서는 신기하게 생각했다.

"엄마, 이 책 새로 산 거예요?"

"아니야, 우리 집에 원래 있던 건데 네가 안 읽어서 숨겨뒀어."

3개월 후, 민서는 한 달에 8~10권을 읽게 됐다. 200권이 꽂혀 있을 때는 한 달에 1권도 안 읽었는데. 그제야 정아 씨는 깨달았다. 많이 보여주는 게 아니라 잘 보여주는 게 중요하다는 것을.

책장이 하는 3가지 역할

책장은 단순히 책을 보관하는 가구가 아니다. 학습 환경에서 책장은 3가지 중요한 역할을 한다.

첫째, 시각적 자극을 제공한다. 아이의 시야에 들어오는 것이 행동을 만든다. 책장에 책이 보이면 손이 간다. 보이지 않으면 잊는다. 문제는 책등만 보이는 책장이다. 제목은 대체로 세로로 써 있다. 작은 글씨, 비슷비슷한 색깔. 그러면 뇌가 정보를 거부한다. 너무 복잡하니까, 그냥 "책이 많구나" 하고 넘어간다. 반면 표지가 보이는 책장은 다르다. 색깔, 그림, 디자인, 시각적으로 강렬하다. 그때 뇌가 반응한다. "저게 뭐지?" 하고 호기심이 생긴다.

둘째, 선택을 하게끔 유도한다. 앞에서 '선택의 역설'이라는 개념을 통해 봤듯 선택지가 너무 많으면 오히려 선택을 못 한다. 하나의 사례로 24가지 잼이 있는 매장보다 6가지 잼이 있는 매장에서 구매율이 10배 높다는 연구가 있었다. 책장도 마찬가지다. 200권이 빼곡히 꽂혀 있으면 아이는 선택할 수 없다. 10권만 표지를 보여줘야 선택한다. 책장은 선택을 도와주는 큐레이터 역할을 해야 한다. "이 중에서 골라봐"가 아니라 "오늘은 이 책들이 추천이야"가 되어야 한다.

셋째, 학습 동기를 유발한다. 아이는 책장을 보며 생각한다. '내가 이 책들을 읽었구나. 나 되게 똑똑해졌네.' 물리적으로 쌓인 책은 학습의 증거와 같다. 눈으로 보이는 성취감이다. 그럼 디지털로 읽으면? 기록은 남겠지만 보이지 않는다. 전자책 100권을 읽어도 눈앞에 책이 없으면 성취감이 약하다. 읽은 종이책을 책장 한쪽에 모아둘 때

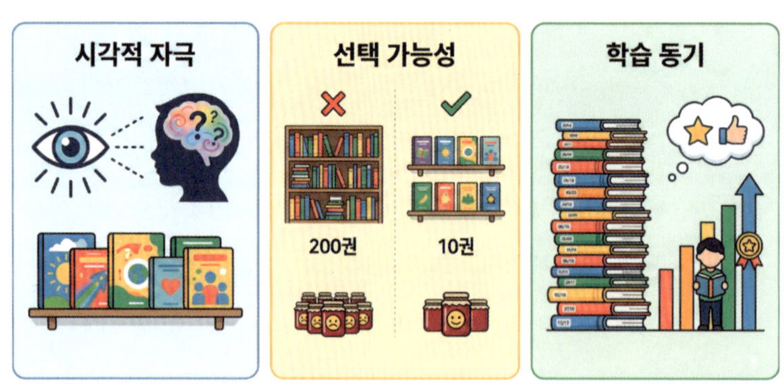

책장의 세 가지 역할

쌓이는 게 보이면서 자부심이 생기고 더 읽고 싶어진다.

손이 닿는 곳에 지식을 두라

그럼 본격적으로 책장을 어떻게 배치해야 아이가 책을 읽게 될까? 책상에서 책장까지의 거리, 최대 1m. 이게 황금 거리다. 아이가 의자에 앉아서 팔을 뻗으면 닿는 거리, 일어서더라도 한두 걸음이면 충분한 거리다.

이게 왜 중요한가? '20초 규칙'을 기억하자. 어떤 행동을 하는 데 20초 이상 걸리면 귀찮아서 안 한다. 책장이 방 반대편에 있으면? 일어나서 걸어가야 한다. 귀찮다. 안 가게 된다. 그러므로 일단 책상 바로 옆이나 뒤에 책장을 두어야 한다. 궁금한 게 생기면 바로 손을 뻗어 사전을 찾고, 참고서를 펼친다.

손 닿는 거리 책장 배치

거실에서 공부한다면? 책장도 거실에 있어야 한다. 아이가 테이블에 앉아서 "엄마, 백과사전 어디 있어요?" 하면 엄마는 "방에 있어, 가져와"라고 할 것이다. 그러면 아이는 귀찮아하면서 결국 안 찾게 된다. 그러므로 거실 한쪽에 책장을 두라. 소파에서 일어나 몇 걸음이면 닿는 곳에. 그럼 아이는 스스로 찾는다.

책장은 전시장이 아니라 도구함이다

집이 전시장이라면 200권을 다 꽂아도 된다. "우리 집에 책이 이렇게 많아요"라며 자랑해도 된다. 하지만 책장의 목적이 '아이가 책을 읽게 하는 것'이라면 전시가 아닌 선택을 하도록 도와야 한다.

3개월 순환 시스템을 도입하라. 책장에는 현재 학기, 현재 학년과 관련된 책만 둔다. 교과서, 현재 쓰는 참고서, 관심 분야 책 10~20권 등을 3개월마다 교체한다. 방학 때나 학기 시작할 때에. 그리고 읽지 않는 책은 수납박스에 보관한다.

아이가 초3 1학기라면 곱셈구구단 책, 받아쓰기 책, 공룡 도감 등 아이가 지금 관심 있어 하는 책들이 2학기가 되면 나눗셈 책, 독서감상문 쓰기 책, 우주 도감 등 새로운 관심사로 바뀐다. 그때 가서 1학기 책은 박스에 보관하고, 필요할 때 다시 꺼낸다.

높이에 따라 책의 역할이 달라진다

책장을 세 층으로 나눠 생각해보자.

상단, 120cm 이상. 여기는 '곧 읽을 책'을 둔다. 다음 주에 읽을

눈높이별 책장 구성

책, 아직 손대지 않은 신간, 부모가 슬쩍 권하고 싶은 책들. 상단은 아이의 눈높이보다 높아 아이에게 잘 보이지 않는다. 그래서 비교적 여유롭게 읽어도 되는 구간이다.

중단, 70~120cm. 여기는 '지금 읽는 책'을 둔다. 현재 읽고 있는 책, 학교 숙제와 관련된 책, 요즘 가장 관심 있는 분야의 책들. 아이 눈높이에 맞아 가장 잘 보이고, 손도 쉽게 닿는다. 이 구간의 책은 표지가 보이게 진열한다. 그래야 자연스럽게 손이 간다.

하단, 70cm 이하. 여기는 '자주 찾는 책'을 둔다. 사전, 백과사전, 참고서, 문제집처럼 자주 쓰지만 무거운 책들. 아래에 두는 것이 꺼내기 편하다. 책등으로 꽂아도 괜찮다. 어차피 제목을 알고 찾는 책들이니까.

책을 찾는 시간도 학습 시간이다

"엄마, 과학 백과사전 어디 있어요?"

"음… 어디 있더라?"

몇 분간 찾아보지만 결국 못 찾으면 아이의 집중력은 끊기고 만다. 이때 해결책은 주제별로 책장을 구역으로 나누고 투명 라벨이나 색깔 스티커로 표시하는 것이다. 예를 들면, 빨간색 구역은 국어로, 교과서, 문제집, 독서록 등. 파란색 구역은 수학으로, 교과서, 문제집, 수학 동화 등. 초록색 구역은 과학으로, 과학책, 실험 키트 설명서, 도감 등. 노란색 구역은 사회로, 역사책, 위인전, 지도책 등. 보라색 구역은 기타로, 미술, 음악, 취미 등과 같이. 그러면 아이가 혼자서 찾게 된다. '파란색 구역에 있겠지?' 하면서 3초만에 찾는다.

아이가 읽고 싶은 책이 좋은 책이다

가장 중요한 원칙이다. 부모가 읽히고 싶은 책과 아이가 읽고 싶은 책과 다르다. 부모는 '아이가 위인전을 읽었으면 좋겠어'라고 생각하고 세종대왕, 이순신, 에디슨 등의 책들을 책장에 꽂아둔다. 눈에 잘 띄는 곳에. 하지만 아이는 안 읽는다. 왜? 관심 없으니까. 대신 아이는《흔한남매》같은 만화책을 읽고 싶어 할 것이다. 그런데 만화책이라서 부모는 못마땅하다. "만화만 보면 어떡해" 하면서《흔한남매》를 책장 맨 위에 숨길 테고, 그럼 결과는? 아이는 위인전도 안 읽고,《흔한남매》도 못 읽는다. 그냥 아무것도 안 읽고 책장과 멀어진다.

그럼 어떻게 하면 좋을까? 아이에게 먼저 이렇게 묻는다.

"요즘 뭐에 관심 있어?"

"음… 공룡이요."

"그래? 그럼 공룡 책 사줄까?"

"네!"

공룡 책을 사서 책장 눈높이에 표지가 보이게 놓는다. 그러면 아이가 읽을 것이다. 그런 다음 며칠 후 아이에게 슬쩍 묻는다.

"공룡이 살던 시대에 사람도 있었을까?"

"아니요, 그때는 사람이 없었대요."

"그럼 사람은 언제부터 있었지?"

"음… 모르겠는데요?"

"그거 궁금하지 않아? 여기 이 책에 나와 있던데."

그러면서 슬쩍 역사책을 보여준다. 그럼 아이가 펼쳐보며 읽을 것이다. 이렇게 공룡에서 역사로 자연스럽게 확장되는 것이다. 핵심은 강요가 아니라 제안이다.

표지를 보여주는 진열의 기술

책장 배치는 끝났다. 이제 진열이다. 어떻게 하면 아이의 시선을 사로잡을까? 가장 강력한 방법은 전면 진열이다. 책을 세우지 않고 표지가 정면으로 보이게 놓는다. 책받침대나 선반에 기대어 세운다. 시각적 임팩트가 최고다. 아이가 바로 인식한다. 손이 자연스럽게 간다. 단점은 공간을 많이 차지해서 많은 책을 진열할 수 없는 것이다. 해결책은 선별 진열이다. 전체 책을 다 이렇게 할 필요는 없다. 이번

주 추천 3~5권만 전면 진열하고, 나머지는 책등으로 꽂는다. 위치는 책장 중단, 아이 눈높이에 맞춰 가장 잘 보이는 칸에.

북스탠드를 활용하는 방법도 있다. 책장 선반에 작은 북스탠드를 놓는다. 요리책 받침대처럼 생긴 그것에 책을 세운다. 그러면 표지가 비스듬히 보인다. 전면 진열보다 공간을 절약하면서도 여러 권을 동시에 진열할 수 있고, 쉽게 변화를 줄 수도 있다. 종류에는 투명 아크릴 북스탠드, 나무 소재 접이식 북스탠드, 철제 와이어 북스탠드 등이 있다.

테마 코너를 운영해보는 것도 좋다. 책장 한 칸을 '이번 주 테마'로 지정한다. 가령 1주차는 '우주 탐험', 우주 관련 책 5권 모음으로. 2주차는 '동물의 세계', 동물 책과 도감 모음으로. 3주차는 '수학 마스터', 수학 동화와 문제집, 게임북으로. 4주차는 '이야기 여행', 재미

테마 코너 운영 예시

있는 동화와 소설로. 그리고 테마 코너에는 작은 표지판을 단다. '이 번 주 테마: 우주 탐험.' 그러면 아이가 신기해한다. "엄마, 책장이 바 뀌었어요?" 하고 관심을 끈다.

책등으로 꽂을 때는 한 권씩 띄어서 꽂는 게 좋다. 빽빽하게 붙여 놓지 않는다. 책 사이에 2~3cm 간격을 둔다. 책이 숨 쉬는 느낌이 들도록 해야 시각적으로 답답하지 않다. 관심 있는 책은 살짝 앞으로 빼놓는다. 1~2cm만. 그러면 눈에 띈다.

비슷한 색깔의 책을 모아서 진열하는 것도 시각적으로 정돈된 느 낌이 난다. 아이가 '예쁘다'고 생각하고 책장 가까이 간다. 다만 실용 성이 우선이다. 색깔 맞추느라 필요한 책을 찾기 어려우면 안 된다.

같은 높이의 책만 모으지 않는 것도 방법이다. 큰 책, 작은 책을 섞어서 놓는다. 그러면 리듬감이 생긴다. 세로로 꽂힌 책 사이에 가

'내가 읽은 책' 코너

로로 누워있는 책처럼 변화를 준다.

책장 한쪽에 '내가 읽은 책' 코너를 만드는 것도 추천한다. 아이가 책을 다 읽으면 거기에 꽂는다. 시간이 지나면서 읽은 책들이 쌓이고, 아이는 그 코너를 자랑스러워하게 될 것이다. 다 읽은 책은 작은 스티커나 "★ 완독" 표시를 책에 붙이는 것도 좋다.

공간에 맞는 책장 배치 전략

이론은 끝났으니, 이제 실전이다. 공간별로 어떻게 책장을 배치할까?

작은 방, 6평 이하라면 수직 공간을 활용해야 한다. 바닥 공간이 부족해 책장을 둘 자리가 없다. 여기서는 벽면에 선반을 설치한다. 3~4단으로. 책상 위에 'L'자형 선반을 추가한다. 침대 머리맡 벽에도 선반을 놓을 수 있다. 바닥 공간을 차지하지 않으면서 책이 눈높이에 항상 보인다. 설치도 간단하고 비용도 저렴하다. 약 50~70권을 수납할 수 있다.

보통 방, 8~10평이라면 책장과 선반을 조합한다. 책상 옆이나 뒤에 책장을 둔다. 높이 120cm 정도로. 책상 위에는 작은 선반을 놓아 자주 쓰는 책을 둔다. 필요하면 반대편 벽에 추가 책장을 배치한다. 약 100~150권을 수납할 수 있다. 책장을 파티션처럼 활용할 수도 있다. 침대와 책상 사이에 책장을 놓으면 공간이 분리되는 효과가 있다.

거실 책장은 가족 모두를 위한 배치다. 위치는 거실 소파나 테이블에서 2m 이내로, 높이 150~180cm 큰 오픈형 책장을 놓는다. 하단은 아이 책을 눈높이에 맞춰 배치하고, 중단은 아이와 부모 공용으로 백과사전이나 잡지를 둔다. 상단은 부모 책 또는 장식을 둔다. 책장 맨 위나 소파 옆 사이드 테이블을 전면 진열 공간으로 활용한다. 그러면 온 가족이 책을 가까이 하게 되고, '책 읽는 집' 문화가 형성된다.

형제자매가 방을 공유한다면 개인 구역을 명확히 해야 한다. "이거 내 책이야!", "아니야, 내 거야!" 하고 싸움이 생기기 마련이다. 이때는 각자 구역을 명확히 표시한다. 색깔로 구분하는 게 좋다. 가령 누나는 파란색, 동생은 노란색으로 각자 이름표를 부착한다. 공용 구

공간별 책장 배치 전략

역도 만든다. 사전, 백과사전 같은 참고서와 가족이 함께 읽는 책, 보드게임 설명서 등을 두는 곳으로.

디지털 시대에도 종이책이 필요한 이유

"요즘 다 전자책으로 읽는데, 책장이 필요해요?"

이런 질문을 가끔 듣는다. 맞다. 전자책, 오디오북, 유튜브 강의를 많이 듣고 보는 디지털 시대다. 그런데 종이책이 왜 필요할까? 이유는 세 가지다.

첫째, 물리적 존재감이다. 전자책 100권을 읽어도 눈에 보이지 않는다. 기록으로는 남지만 실체가 없다. 반면 종이책은? 책장에 쌓인다. 보이고 만져지고 무게감이 있다. 그렇기 때문에 아이가 얼마큼 읽었는지를 확인하고 성취감을 느낄 수 있다.

둘째, 우연한 발견이다. 전자책은 검색해서 찾는다. 원하는 책만 본다. 계획된 독서다. 책장은? 지나가다 눈에 띈다. "어, 이 책 뭐지?" 하고 우연히 집어든다. 그렇게 읽다 보면 새로운 세계가 열린다. 세렌디피티Serendipity! 이런 우연한 발견에서 오는 기쁨은 책장만이 줄 수 있다.

셋째, 집중력이다. 전자기기로 읽다보면 알림이 온다. "카톡 왔어요.", "유튜브 새 영상이 올라왔어요." 그러면 집중이 흐트러진다. 종이책은 알림이 없다. 조용하니 집중할 수 있다. 어느 연구 결과를 보면, 종이책으로 읽은 내용의 이해도와 기억력이 전자책을 읽었을 때보다 20~30% 높다고 한다.

그럼 결론은 분명하다. 디지털 시대에도 종이책 책장은 여전히 강력한 학습 도구다.

책장을 살아 있게 만드는 루틴

책장을 놓았으면 이제 유지가 중요하다. 루틴을 만들자.

주간 점검을 해보자. 매주 일요일 저녁, 10분이면 된다. 이번 주 전면 진열할 책 3권을 선정한다. 아이가 읽은 책은 '읽은 책' 코너로 옮긴다. 테마 코너 책을 교체한다. 그리고 "이번 주는 어떤 책 읽을래?" 하면 아이가 고른다. 함께 진열한다.

월간 리뉴얼도 필요하다. 매달 첫째 주 주말, 30분이면 된다. 지난달 읽은 책을 확인하고 안 읽는 책은 박스로 옮긴다. 새로운 관심 분야 책을 꺼내와 라벨과 구역을 재정비한다. 아이의 관심사가 바뀌었다면 책장도 바뀐다. 공룡에서 우주로. 동화에서 과학으로.

계절별 대청소는 방학 시작할 때 한다. 한두 시간이면 된다. 모든 책을 꺼내어 책장을 청소한다. 이번 학기에 필요한 책만 선별한다. 나머지는 수납 박스로 옮긴다. 새 학기 맞춤 재배치를 하는 것이다. 방학은 리셋의 기회다. 지난 학기 교과서, 문제집은 정리하고, 새 학기를 준비한다.

책장은 살아 있어야 한다

책장을 만들었다고 끝이 아니다. 책장은 살아 있는 공간이어야 한다. 매주 바뀐다. 새로운 책이 들어오고, 읽은 책이 옮겨진다. 그러면서 테마가 바뀐다. 아이의 관심사를 따라간다. 반면 고정된 책장은 죽은 책장이다. 먼지만 쌓이고 아이와 멀어진다.

살아 있는 책장은 어떤 모습일까? 아이가 스스로 책을 꺼내어 "이 책 재미있었어요!"라고 말하는 책장이다. 그리고 주말에 '이번 주는 어떤 책 볼까?' 하며 기대한다. 친구가 오면 "내가 읽은 책 봐!" 하며 자랑한다. 이게 목표다.

책장을 만드는 건 하루면 된다. 책장을 살리는 건 매일 해야 한다. 10분이면 충분하다. 지금 당장 시작하자. 아이의 책장을 보자. 책등만 빼곡한가? 먼지가 쌓였는가? 아이가 요즘 관심 있어 하는 책이 보

죽은 책장 vs 살아 있는 책장

이는가? 오늘 저녁, 아이와 함께 책장 앞에 서자. "이번 주 추천 책 3권 골라볼까?" 하고 함께 고른다. 그리고 표지가 보이게 놓는다. 그게 시작이다.

2장

학습 능력을 좌우하는 핸드폰 자기통제력

"아이 방문을 닫으면 공부하는 줄 알았어요."

서울 목동에 사는 김민지(가명, 45세) 씨는 중학교 2학년 아들의 중간고사 성적표를 보고서 충격에 빠졌다. 초등학교 때까지만 해도 반에서 상위권이었던 아이의 성적이 중위권으로 떨어진 것이다. 더 놀라운 것은 담임교사와의 상담에서 들은 말이었다.

"어머니, 혹시 집에서 아드님 핸드폰 사용 시간을 확인해보셨나요?"

집에 돌아와 아이의 핸드폰 사용 기록을 확인한 김 씨는 말문이 막혔다. 평일 하루 평균 6시간, 주말에는 9시간이 넘었다. 공부한다며 방문을 닫고 들어간 시간의 대부분을 유튜브와 게임, SNS에 쏟아

부은 것이다.

"저는 아이를 믿었어요. 방에 책상도 새로 사주고, 조명도 바꿔줬죠. 그런데 정작 중요한 걸 놓치고 있었던 거예요. 아무리 좋은 공간을 만들어줘도 아이가 핸드폰을 통제하지 못하면 아무 소용이 없더라고요."

김 씨의 사연은 결코 남일같지가 않을 것이다. 오늘날 거의 모든 부모가 비슷한 고민을 하고 있다. 좋은 공부방, 조용한 환경을 만들어주고, 비싼 학원도 보내지만, 정작 아이의 손에 들린 핸드폰 앞에서는 모든 노력이 무력해진다.

숫자로 보는 충격적인 현실

2024년, 대한민국 청소년의 핸드폰 사용 실태는 충격적이었다. 여성가족부와 한국정보화진흥원이 실시한 대규모 조사에 따르면, 우리나라 청소년은 평일 평균 4.7시간, 주말에는 6.7시간을 핸드폰 사용에 쏟아붓는다. 이 숫자가 얼마나 큰 의미를 갖는지 실감하기 위해 간단한 계산을 해보자. 주중 4.7시간씩 5일이면 23.5시간, 주말 6.7시간씩 이틀이면 13.4시간, 일주일이면 총 37시간에 달한다. 이는 하루 8시간씩 거의 5일을 꼬박 핸드폰만 들여다본다는 의미다.

37시간이면 무엇을 할 수 있을까? 고등학교 내신 대비 한 과목 전체 범위를 3회독 하고도 남는 시간이다. 수능 모의고사 문제집 한

권을 완벽하게 마스터할 수 있는 시간이다. 영어 단어 1,000개를 외우고도 남는 시간이다. 그런데 이 귀중한 시간이 매주 핸드폰 속으로 사라지고 있다.

더 심각한 것은 과의존 문제다. 2024년 청소년 미디어 이용습관 진단조사에 따르면, 핸드폰 사용으로 일상생활에 지장을 받는 과의존 위험군 청소년이 22만 1천여 명에 달했다. 이들은 단순히 핸드폰을 많이 쓰는 수준을 넘어, 핸드폰 없이는 정상적인 생활이 어려울 정도가 된 아이들이다.

중고등학생 20만 명을 대상으로 한 대구가톨릭대병원 연구팀의 조사는 더욱 충격적이다. 청소년들은 스스로도 인터넷과 핸드폰 사용 시간이 길수록 시력 및 건강 문제를 일으킨다고 생각하고 있었다. 그런데도 알면서도 멈출 수 없는 것이다. 손에서 핸드폰을 놓지 못하

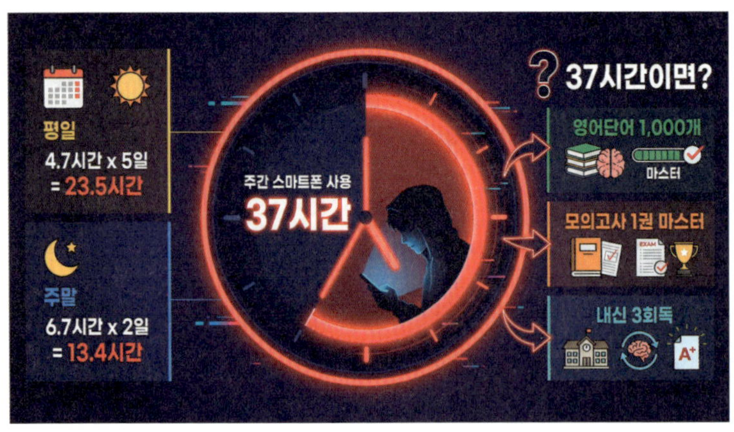

휴대폰 사용 주 37시간

고 있는 것이다.

핸드폰이 학습에 미치는 직접적 영향

"그래도 우리 아이는 성적이 괜찮은데요?"라고 반문하는 부모가 있을 수 있다. 하지만 연구 결과는 자명하다. 핸드폰 사용은 학업 성취도에 직접적이고 부정적인 영향을 미친다.

미국 럿거스 대학교 연구팀은 심리학과 학생 118명을 대상으로 흥미로운 실험을 진행했다. 절반의 학생들은 수업 중 핸드폰이나 노트북을 자유롭게 사용하도록 했고, 나머지 절반은 전자기기 사용을 금지했다. 단기 퀴즈를 실시했을 때 두 그룹 간 차이는 크지 않았다. 여기까지만 보면 핸드폰이 학습에 큰 영향을 주지 않는다고 결론내릴 수도 있지만 학기말 시험에서 결과가 달랐다. 강의 중 전자기기를 사용한 학생들의 성적이 평균 5% 이상 떨어진 것이다.

5%라는 숫자가 작게 느껴질 수 있지만 통계적으로는 매우 유의미한 수치다. 더 중요한 것은 이 차이가 '학생들이 전자기기를 학업용으로 사용했는지, 딴짓용으로 사용했는지'와 무관하게 나타났다는 점이다. 심지어 옆 친구가 핸드폰을 사용하는 것을 보는 것만으로도 집중력이 떨어졌다.

텍사스 대학교 오스틴 캠퍼스 연구팀의 실험은 더욱 충격적이다. 520명의 핸드폰 사용자를 대상으로 한 실험에서, 연구팀은 핸드폰을 완전히 끄도록 한 후 세 가지 조건으로 나눴다. '다른 방에 두기', '책상 위에 엎어 놓기', '주머니나 가방에 넣기.' 결과는 어땠을까? 핸드폰이 꺼져 있는 상태임에도 불구하고 책상 위나 주머니에 있을 때 인지 능력 테스트 점수가 현저히 낮았다. 핸드폰이 다른 방에 있을 때만 점수가 정상 수준으로 올라갔다.

핸드폰 존재만으로 집중력 저하

즉, 핸드폰은 켜져 있지 않아도, 심지어 사용하지 않아도, 단지 '존재'만으로도 우리의 뇌가 그것에 신경을 쓰느라 집중력이 분산된다는 것이다. 연구팀은 이를 '인지적 부담cognitive load'이라고 표현했다. 핸드폰을 보지 않으려고 의식적으로 노력하는 것 자체가 뇌의 에너지를 소모한다는 의미다.

국내 연구도 마찬가지 결론을 내놓고 있다. 한국자료분석학회에 발표된 논문에 따르면, 청소년의 핸드폰 사용 시간과 학업 성적 간에는 명확한 부정적 상관관계가 있다. 특히 사교성 목적(SNS, 메신저)으로 핸드폰을 주로 사용하는 경우, 유용성 목적(정보 검색, 학습)으로 사용하는 경우보다 사용 시간 증가의 위험이 2.19배 높았고, 이는 곧

학업 성적 하락으로 이어졌다.

왜 아이들은 핸드폰을 끊지 못하는가

"엄마, 나도 알아요. 핸드폰 그만 봐야 하는 거. 그런데 진짜 안 돼요."

고등학교 1학년 박서준(가명)의 고백이다. 시험 기간만 되면 매번 '이번에는 핸드폰 안 볼 거야'라고 다짐하지만, 2시간을 넘기지 못한다. 공부하다가 모르는 단어를 찾으려고 핸드폰을 집어든 순간, 카카오톡 알림이 뜬다. '잠깐만 확인하자'라는 생각에 메시지를 열면, 친구들의 단체 채팅이 활발하게 진행 중이다. 거기에 한마디 거들고,

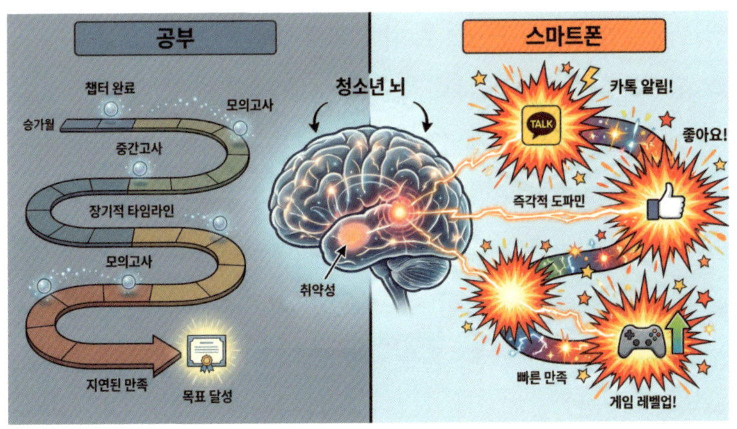

도파민과 즉각적 보상

누군가 올린 유튜브 링크를 클릭하면, 어느새 30분이 지나 있다.

서준이는 의지가 약한 아이일까? 그렇지 않다. 이것은 의지력의 문제가 아니다. 핸드폰은 인간의 뇌, 특히 청소년의 뇌를 겨냥해 설계된 강력한 중독 장치다.

즉각적 보상 시스템과 도파민의 함정

인간의 뇌는 '보상'에 반응하도록 설계되어 있다. 무언가 좋은 일이 생기면 도파민이라는 신경전달물질이 분비되면서 쾌감을 느끼게 된다. 이 보상 시스템은 원래 생존에 필수적인 행동(먹기, 마시기, 짝짓기 등)을 반복하도록 만들기 위해 진화했다.

문제는 핸드폰이 이 보상 시스템을 '해킹'했다는 점이다. 카톡 메시지가 도착할 때마다, 인스타그램 '좋아요'가 늘어날 때마다, 게임에서 레벨을 올릴 때마다, 우리 뇌는 소량의 도파민을 분비한다. 이 보상은 즉각적이다. 공부처럼 몇 달을 노력해야 성적이 오르는 것과 달리, 핸드폰을 켜는 순간 바로 보상이 온다.

더 교묘한 것은 '간헐적 강화'라는 메커니즘이다. 카지노 슬롯머신이 중독성이 강한 이유는 언제 대박이 터질지 모르기 때문이다. SNS도 마찬가지다. 핸드폰을 켤 때마다 새로운 메시지나 알림이 있을 수도, 없을 수도 있다. 이 불확실성이 뇌를 더욱 자극한다. 그래서 우리는 5분에 한 번씩 핸드폰을 확인하게 된다. '혹시 뭔가 새로운 게 있을까?' 하고.

청소년들에게 특히 강력한 것은 '사회적 보상'이다. 또래 집단에서 소외되는 것에 대한 두려움, 이른바 'FOMO[Fear of Missing Out]'는 청소년기에 가장 강렬하다. 단체 채팅방에서 한창 대화가 오가는데 자신만 참여하지 못하면 마치 친구들이 모인 자리에서 자신만 빠진 것 같은 불안감을 느끼게 된다. 그래서 공부 중에도, 밤늦은 시간에도 핸드폰을 손에서 놓지 못하는 것이다.

미완성된 전두엽

"왜 어른들은 핸드폰을 적당히 쓸 수 있는데, 아이들은 못할까요?"

이에 대한 뇌과학적으로 명확한 답이 있다. 충동을 억제하고 장기적 목표를 위해 단기적 욕구를 참는 능력, 즉 '실행 기능[executive function]'을 담당하는 것은 전두엽이다. 그런데 이 전두엽은 25세 전후가 되어야 완전히 발달한다.

청소년기의 뇌는 보상에는 매우 민감하지만(변연계가 활발), 충동 조절은 약한(전두엽이 미성숙한) 상태다. 이것은 청소년들이 의지가 약해서가 아니라 뇌의 생물학적 발달 단계상 어쩔 수 없는 특성이다.

대구가톨릭대병원 연구팀의 조사에서 "청소년들이 핸드폰 사용이 건강에 나쁘다는 걸 알면서도 손에서 놓지 못한다"고 답한 것은 바로 이 때문이다. 전두엽이 "그만해야 해"라고 말하지만, 변연계의 "지금 당장 확인해!"라는 충동이 더 강한 것이다.

24시간 연결된 디지털 환경

과거 부모 세대가 청소년이었을 때와 지금은 환경이 완전히 다르다. 1990년대에는 친구와 연락하려면 집 전화를 걸어야 했고, 저녁 시간 이후에는 그마저도 어려웠다. 게임을 하려면 오락실에 가거나 컴퓨터 앞에 앉아야 했다.

지금은 다르다. 핸드폰은 24시간 내내 주머니 속에 있다. 새벽 2시에도 카톡 메시지가 올 수 있고, 유튜브 알고리즘은 끊임없이 '다음 영상'을 추천한다. 인스타그램 스토리는 24시간 후 사라진다는 긴박감을 조성하고 온라인 게임은 '지금 접속하면 보너스'를 미끼로 내건다.

아이들은 말 그대로 유혹의 바다 한가운데 던져진 것이다. 그리고 우리는 그 아이들에게 "의지력으로 이겨내라"고 말하고 있다.

자기통제력이 학습 능력이다

서울대학교 입학생들을 대상으로 한 비공식 설문조사가 있었다. "고등학교 시절 성적 향상에 가장 도움이 된 것은?"이라는 질문에 상위권에 오른 답변 중 하나가 "핸드폰을 통제하는 법을 터득한 것"이었다.

명문대에 합격한 학생들조차 처음부터 핸드폰을 잘 통제한 것이 아니라, 시행착오를 거치며 "통제하는 법을 배웠다"는 것이다. 오늘날 학습 능력은 단순히 암기력이나 이해력만을 의미하지 않는다. 방해 요소가 넘쳐나는 환경에서 집중력을 유지하고, 즉각적 만족을 미루고 장기 목표를 추구하는 '자기통제력'이 핵심이었다. 그리고 현대 청소년에게 가장 큰 자기 조절의 대상은 바로 핸드폰이다. 결론은 명확하다. 핸드폰을 스스로 통제할 수 있는가 없는가가 학습 성공의 분기점이다.

성공과 실패를 가른 한 가지 차이

부산에 사는 이지민(가명, 17세) 학생과 같은 학교를 다니는 정우진(가명, 17세) 학생의 사례를 비교해보자. 두 학생 모두 중학교 3학년 때까지 비슷한 성적(중상위권)을 유지했다. 그런데 고등학교에 진학한 후 지민이의 성적은 상위 5% 안에 들게 되었고, 우진이의 성적은 중위권으로 떨어졌다. 차이는 핸드폰 관리 방식에 있었다.

우진이의 부모는 "핸드폰 때문에 성적이 떨어진다"며 강압적으로 핸드폰을 빼앗았다. 공부할 때는 부모가 핸드폰을 보관하고, 시험 기간에는 아예 압수했다. 우진이는 겉으로는 순응하는 척했지만, 부모 몰래 예전에 쓰던 핸드폰을 숨겨두고 사용했다. 부모와의 신뢰는 무너졌고, 우진이는 더욱 은밀하게 핸드폰에 집착하게 되었다.

반면 지민이의 부모는 다르게 접근했다. 중학교 3학년 겨울방학 때, 지민이와 함께 앉아 솔직한 대화를 나눴다.

"지민아, 엄마도 핸드폰 없으면 불안해. 그래서 너 마음을 이해해. 그런데 우리 함께 고민해보자. 네가 원하는 대학에 가려면 어떻게 해야 할까?"

지민이는 처음으로 자신의 핸드폰 사용 시간을 직시했다. 하루 평균 5시간, 일주일이면 35시간, 한 달이면 140시간. 부모와 함께 계산해보니 충격이었다.

"이 시간이면… 영어 단어 몇 개나 외울 수 있어요?"

"아마 3000개는 넘을 거야."

대화를 통해 지민이는 스스로 목표를 세웠다.

"하루 2시간으로 줄일게요."

"그럼 어떻게 하면 그게 가능할까? 우리가 도와줄 수 있는 게 있을까?"

그렇게 해서 함께 규칙을 만들었다. '공부할 때 핸드폰은 거실 충전대에 두기', '공부 50분 후 10분 휴식 시간에 핸드폰 확인 가능', '저녁 10시 이후 가족 모두 핸드폰을 거실에 모아두기', '주말에는 오전에 2시간 자유롭게 사용 가능.' 또 하나 중요한 것은 이 규칙을 '부모도 함께' 지켰다는 점이다. 엄마도 저녁 10시 이후에는 핸드폰을 거실에 뒀고, 아빠도 주말 아침에 핸드폰을 들여다보는 대신 지민이와 함께 산책을 나갔다.

첫 달은 힘들었다. 지민이는 규칙을 어긴 적도 있었고, 짜증을 낸 적도 있었다. 하지만 부모는 처벌 대신 대화를 선택했다. "오늘은 왜 힘들었어? 우리가 뭘 도와줄 수 있을까?" 하고.

3개월 후, 지민이는 놀라운 변화를 경험했다. 같은 시간을 공부해도 훨씬 많은 내용이 머리에 들어왔다. 중간에 핸드폰 생각이 나지 않으니 집중력이 완전히 달라졌다. 그리고 무엇보다 "내가 핸드폰을 컨트롤하고 있다"는 자신감을 갖게 됐다.

1년 후 지민이의 성적은 상위 5%로 올랐고, 반면에 우진이의 성적은 하락했다. 두 학생의 차이는 무엇이었을까? 지능? 노력? 아니다. 핸드폰을 '빼앗김'당한 우진이와, 핸드폰을 '스스로 통제하는 법'을 배운 지민이의 차이였다.

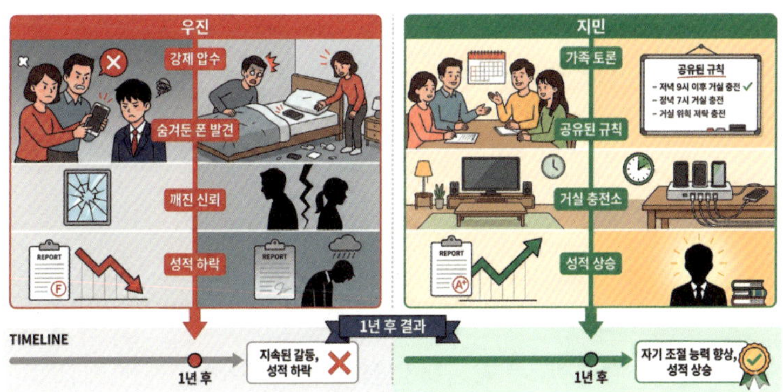

실패한 우진 vs 성공한 지민

공간과 환경으로 통제력 키우기

핸드폰 문제를 해결하는 가장 강력한 방법은 '공간과 환경의 재설계'다. 아이의 의지력을 시험하는 대신 핸드폰을 보지 않는 것이 자연스러운 환경을 만들어주는 것이다.

물리적 거리가 심리적 거리를 만든다

텍사스 대학 연구팀의 실험 결과를 기억하는가? 핸드폰이 다른 방에 있을 때만 집중력이 정상 수준으로 회복되었다. 이것이 시사하는 바는 명확하다. 공부방 안에는 아예 핸드폰이 들어올 수 없게 만들어야 한다.

가장 효과적인 방법은 집 안에 '충전 스테이션'을 만드는 것이다. 현관 근처나 거실 한쪽에 가족 모두의 핸드폰을 모아두는 충전 공간을 마련한다. 예쁜 충전 도크나 바구니를 두고, '공부 시간에는 여기에 놓기'라는 규칙을 만든다.

이때 중요한 원칙이 있다.

1. 가족 모두가 참여한다: 부모만 핸드폰을 마음대로 쓰면서 아이에게만 강요하면 절대 지속되지 않는다. 엄마, 아빠도 저녁 시간이나 주말 오전에는 함께 핸드폰을 내려놓는다.

2. 처벌이 아닌 시스템으로: '핸드폰을 빼앗긴다'는 느낌이 들지 않도록 한다. '우리 가족은 이 시간에는 핸드폰에서 자유로워지는 시간을 갖는다'는 긍정적 방식으로 접근한다.

3. 비상 연락은 가능하게: 완전히 차단하는 것이 아니라, 필요 시 거실에 가서 확인할 수 있다는 안전장치를 둔다. 이것이 오히려 불안감을 줄여준다.

인천의 한 아파트에 사는 최 씨 가족의 사례를 보자. 현관 입구 신발장 위에 무선 충전 패드 3개를 놓고, 그 위에 예쁜 나무 상자를 두었다. 집에 들어오면 가족 모두 핸드폰을 여기에 놓는 것이 습관이 되었다.

"처음에는 아이가 '급한 연락 오면 어떡해요?'라며 걱정했어요. 그래서 '30분에 한 번씩 확인해도 돼'라고 했죠. 그런데 신기하게도 막상 거실까지 나와서 확인하는 게 귀찮으니까, 점점 확인 횟수가 줄더라고요."

물리적 거리는 심리적 거리를 만든다. 방 안에 있으면 1분에 한 번씩 확인하고 싶어지지만, 거실까지 나가야 한다면 '꼭 필요한 때만' 확인하게 된다. 이 작은 물리적 장벽이 엄청난 차이를 만든다.

가족 핸드폰 바구니

시야에서 사라지게 하라

어떤 가정에서는 공부방 밖에 핸드폰을 두는 것이 현실적으로 어려울 수 있다. 형제가 함께 쓰는 방이거나, 온라인 수업 때문에 핸드폰이 필요하거나, 전자사전 기능을 써야 하는 경우 등이다. 이때는

방 안 핸드폰 차단 전략

'시야에서 사라지게' 하는 것만으로도 효과가 있다.

작은 금고나 시간 잠금 상자: 시중에서 2~3만원이면 구입할 수 있는 '타임 락 박스'가 있다. 핸드폰을 넣고 타이머를 설정하면 시간이 될 때까지 열리지 않는다. 물리적으로 강제하는 장치지만, '내가 스스로 넣었다'는 주도성이 중요시된다.

서랍 속 깊이: 책상 서랍 가장 안쪽에 핸드폰을 넣고, 그 위에 책과 노트를 쌓아둔다. 꺼내려면 모든 걸 치워야 하는 번거로움이 생긴다. 이 번거로움이 충동을 막아준다.

전원 끄기의 힘: 진동도 끄고 전원도 완전히 끈다. 다시 켜려면 부팅 시간이 걸리는데, 이 십여 초가 '정말 지금 봐야 하나?'라고 생각할 시간을 준다.

핸드폰 대신 할 것들

핸드폰을 멀리하면 생기는 '빈 시간'을 무엇으로 채울 것인가도 중요하다. 공부만 하다가 쉬고 싶을 때, 핸드폰 말고는 아무것도 없다면 결국 핸드폰으로 돌아간다. 공부방이나 거실 한쪽에 '아날로그 휴식 공간'을 만들어보자.

- 책장: 만화책, 에세이, 잡지 등 부담 없이 펼쳐볼 수 있는 책들

- 스케치북과 색연필: 낙서하거나 그림 그리기

- 퍼즐이나 큐브: 손을 움직이는 활동

- 악기: 작은 우쿨렐레나 칼림바

- 운동 도구: 스트레칭 매트, 요가 블록

"우리 아이는 이런 거 안 해요"라고 단정 짓지 말자. 핸드폰이 사

아날로그 휴식 코너

라지면 아이들은 놀랍도록 창의적으로 시간을 채운다. 처음에는 "심심해요"라고 불평하지만, 일주일만 지나면 책을 펼쳐보고, 그림을 그리고, 음악을 듣기 시작한다.

거실 학습 시의 전략

거실에서 공부하는 경우, 핸드폰 관리는 더욱 중요하면서도 더욱 쉽다.

가족 공동 규칙: 저녁 7시부터 10시까지는 '가족 집중 시간'으로 정한다. 아이는 공부하고, 부모는 독서하거나 조용한 활동을 한다. 이 시간 동안 모든 핸드폰은 주방 카운터에 모아둔다.

투명한 바구니: 거실 테이블 한가운데에 투명한 바구니를 놓고, 모두가 핸드폰을 넣는다. 투명하기 때문에 전화 오면 불빛이 보이니까 안심이 된다. 동시에 서로가 서로를 감시하는 효과도 있다.

알람은 스마트 스피커로: "30분 후 알려줘" 같은 알림 설정은 핸드폰이 아니라 AI 스피커에게 시킨다. 핸드폰을 손에 드는 빈도 자체를 줄이는 것이 중요하다.

부모의 역할, 감시자에서 코치로

핸드폰 문제를 둘러싼 가장 큰 갈등은 부모와 자녀 사이에서 발생한다. 부모는 "네 미래를 위해서야"라고 말하며 핸드폰을 빼앗고, 아이는 "내 거잖아요!"라며 반발한다. 이 대립 구도에서는 누구도 이길 수 없다. 진짜 해결책은 부모의 역할을 바꾸는 데 있다. '감시자'에서 '코치'로.

하지 말아야 할 것들

1. 사전 대화 없이 무조건 빼앗기

"오늘부터 핸드폰은 내가 맡는다!"

이런 일방적 선언은 백프로 역효과를 낳는다. 아이는 부모를 적으로 인식하고, 더욱 교묘하게 핸드폰을 숨기거나 친구 핸드폰을 빌려쓰는 등의 꼼수를 부린다. 그리고 부모와의 신뢰는 무너진다.

2. 성적을 보상 수단으로 사용하기

"시험 잘 보면 핸드폰 돌려줄게"

"성적 떨어지면 핸드폰 압수야"

이것은 핸드폰을 '보상과 처벌의 도구'로 만든다. 아이는 공부 자체가 아니라 '핸드폰을 되찾기 위해' 공부하게 되고, 내적 동기는 사라진다. 더 심각한 것은 핸드폰에 대한 집착만 강화시킨다는 점이다.

3. 부모는 마음대로 쓰면서 아이는 통제하기

부모가 저녁 내내 핸드폰으로 유튜브를 보면서 아이에게는 "공부해"라고 하면, 아이는 이중 잣대를 느낀다. "어른들은 왜 돼요?"라는 불만이 쌓이고, 규칙을 지킬 동기가 사라진다. 부모가 먼저 모범을 보이지 않으면, 어떤 규칙도 지속되지 않는다.

1. 함께 규칙 만들기

규칙은 '같이' 만들어야 한다. 일방적으로 정하는 게 아니라, 아이와 마주 앉아 대화하며 합의점을 찾는다.

"서연아, 엄마랑 같이 생각해보자. 네가 목표하는 고등학교에 가려면 어떻게 해야 할까? 지금 핸드폰 쓰는 시간이 하루에 몇 시간인지 알아? 우리 같이 확인해보고, 어떻게 하면 좋을지 의논하자."

이 과정에서 아이 스스로 문제를 인식하게 만드는 것이 중요하다. 부모가 "문제야!"라고 지적하는 것과, 아이 스스로 '어? 이건 좀 심각한데?'라고 깨닫는 것은 완전히 다른 효과를 낸다. 함께 만든 규칙은 종이에 적어 공부방 벽에 붙인다. 이것은 '계약서'가 된다.

예시)

서연이와 엄마 아빠의 약속

1. 공부 시간(평일 저녁 7~10시)에는 핸드폰을 거실에 둔다.
2. 50분 공부 후 10분 쉴 때 핸드폰 확인 가능
3. 주말 오전 10~12시는 자유롭게 사용
4. 가족 모두 저녁 11시 이후에는 핸드폰을 거실에 둔다.
5. 이 약속을 잘 지키면 매주 일요일 저녁은 서연이가 먹고 싶은 거 먹는다.

> 서연이 서명: ___________
>
> 엄마 서명: ___________
>
> 아빠 서명: ___________

2. 점진적 자율성 키우기

초등학교 때는 부모가 주도적으로 관리할 수 있다. 하지만 아이가 중학교, 고등학교로 올라갈수록 아이 스스로 통제하는 능력을 키워야 한다.

단계적 접근:

- 1단계(초등 고학년): 부모가 정한 시간에 핸드폰 제출

- 2단계(중1~2): 약속한 시간에 스스로 제출, 부모는 확인

- 3단계(중3~고1): 스스로 관리, 주 1회 사용 시간 함께 확인

- 4단계(고2~3): 완전 자율, 필요시 상담

중요한 것은 '실패를 통한 학습'을 허용하는 것이다. 중학교 때 시험 기간에 핸드폰을 과하게 써서 성적이 떨어지는 경험을 하면, 고등학교 때는 스스로 조절한다. 부모가 과도하게 통제하면 이런 학습 기회를 빼앗는 것이다.

대화를 통한 디지털 리터러시 교육

단순히 "쓰지 마"가 아니라, "왜 위험한지, 어떻게 현명하게 쓸 수

있는지”를 대화로 풀어간다.

　- 도파민과 중독 메커니즘 설명하기

　- SNS 알고리즘이 어떻게 우리 시간을 빼앗는지 함께 분석하기

　- 성공한 사람들의 핸드폰 사용 습관 찾아보기

　- 아이 스스로 “나는 핸드폰을 어떻게 쓸 것인가” 선언문 쓰기

이 과정에서 아이는 자신이 ‘피해자’가 아니라 ‘주도자’임을 깨닫는다.

이 장을 시작하며 김민지 씨의 이야기를 했다. 아들의 핸드폰 사용 시간을 확인하고 충격을 받았던 그 이야기. 1년 후 김 씨 집의 모습은 완전히 달라졌다. 현관 입구에 가족 충전 스테이션이 생겼고, 저녁 8시부터 10시까지는 온 가족이 핸드폰 없이 지낸다. 아들은 방에서 공부하고, 김 씨는 거실에서 책을 읽고, 남편은 서재에서 업무를 본다. 아들의 성적은 다시 상위권으로 올랐다. 더 중요한 것은 아들이 스스로 이렇게 말했다는 것이다.

“엄마, 나 요즘 공부가 잘 돼요. 핸드폰 생각이 안 나니까 진짜

집중되는 게 느껴져요. 그리고… 뭔가 내가 핸드폰을 컨트롤하고 있다는 느낌? 그게 좋아요."

이것이 우리가 추구해야 할 목표다. 부모가 억지로 빼앗아서 못 쓰는 것이 아니라, 아이 스스로 '나는 더 중요한 목표를 위해 핸드폰을 통제한다'는 자신감을 갖는 것. 그리고 그 자신감은 '의지력'이 아니라 '환경 설계'에서 시작된다.

좋은 공부방은 좋은 책상과 조명만으로 완성되지 않는다. 진짜 좋은 공부방은 핸드폰이 '자연스럽게' 멀어지는 공간이다. 억지로가 아니라 시스템으로, 처벌이 아니라 습관으로.

오늘날 학습 능력의 핵심은 지능이 아니다. 유혹을 물리치는 환경을 설계하고, 그 안에서 꾸준히 실천하는 자기 조절 능력이 중

환경이 만드는 자기통제력

요하다. 그리고 그 첫 번째 관문이 바로 핸드폰이다. 당신의 아이는 이 관문을 통과할 준비가 되어 있는가? 더 중요한 질문은, 당신의 집은 아이가 그 관문을 통과하도록 도와주는 환경인가? 지금, 집 안을 둘러보라. 아이의 핸드폰은 지금 어디에 있는가?

테마 4. 설명하는 순간 기억이 된다

2010년, 워털루 대학의 콜린 맥레오드Colin MacLeod 교수는 '생산 효과Production Effect'를 입증했다. 조용히 단어를 읽은 그룹보다 소리 내어 읽은 그룹이 2배 더 잘 기억한다는 것을 증명한 것이다. 생산, 즉 능동적 행위가 기억을 강화한다. 입으로 말하기, 손으로 쓰기, 몸으로 움직이기. 이 모든 것이 기억의 흔적을 깊게 만든다.

1994년, 피츠버그 대학의 미셸린 치Michelene Chi 교수는 물리 문제를 잘 푸는 학생들을 관찰했다. 그들의 공통점은 혼잣말을 많이 한다는 것이었다. "이 공식을 쓰는 이유는…", "만약 이렇게 하면…", "아, 그래서…"처럼 말로 설명하는 과정이 이해의 과정이고, 동시에 기억의 과정이었다. 이것이 '자기 설명 효과Self-Explanation Effect'다.

피오렐라Fiorella 교수와 메이어Mayer 교수는 '생성 학습 이론Generative Learning Theory'에서 이를 더욱 발전시켰다. 학습자가 정보를 재구성하고 설명할 때 이해와 기억이 깊어진다. 머릿속에만 있으면 모호하고 빈틈을 발견하지 못한다. 하지만 밖으로 꺼내면, 즉 '외재화Externalization'하면 명확해지고 빈틈이 보이며 수정이 가능해진다. 화이트보드에 그리고, 종이에 쓰고, 소리로 말하는 것. 이것이 학습 환경이 제공해야 할 것이다. 단순히 조용한 곳이 아니다. 생산 가능한 곳, 설명할 수 있는 곳이 필요하다.

학원에서는 선생님이 화이트보드에 쓰고 학생은 보기만 한다. 하지만 집에서는 학생이 화이트보드에 쓸 수 있다. 학생이 설명하니 능동적이다. 이것이 집의 힘이다. 동생에게 설명하고, 부모에게 설명하고, 심지어 빈방에서 혼자 설명해도 된다. 설명하는 순간 불확실한 부분이 드러나고, 논리적으로 정리되며, 장기기억에 저장된다.

학원에서는 "조용히!"이지만, 집에서는 "엄마, 들어봐!"가 가능하다. 소리 낼 수 있고, 설명할 수 있고, 외재화할 수 있다. 이것이 집만의 특권이다.

그렇다면 집에서 '설명하는 공간'을 어떻게 만들 수 있을까?

1. 화이트보드 설치

가장 간단한 방법은 화이트보드를 설치하는 것이다. 크기는 최소 가로 90cm, 세로 60cm 이상이어야 수식이나 도표를 그릴 수 있다. 위치는 책상 옆 벽면보다 방문 근처가 좋다. 책상에서 일어나 보드 앞에 서는 동작 자체가 '학습자 모드'에서 '설명자 모드'로 전환하는 신호가 된다. 벽에 구멍을 뚫기 어렵다면 자석 부착형 화이트보드 시트를 활용할 수 있다. 냉장고 옆, 거실 벽면 어디든 가능하다. 거실에 설치하면 가족이 자연스럽게 청중이 된다.

2. 강의 존 만들기

더 적극적인 방법은 '강의 존'을 만드는 것이다. 방 한쪽이나 거실 코너에 스탠딩 책상 또는 높이 조절 책상을 두고, 그 앞에 화이트보드나 코르크보드를 배치한다. 아이가 서서 설명할 수 있는 작은 강단이 되는 셈이다.

공부방 벽면의 화이트보드

초등학생에게는 '선생님 놀이'가 된다. "오늘 배운 거 엄마한테 가르쳐줘"라고 하면 아이는 강의 존으로 간다. 칠판에 쓰고, 설명하고, 질문에 답한다. 놀이처럼 시작하지만, 이것이 가장 효과적인 복습이다.

중고등학생에게는 '셀프 강의' 공간이 된다. 혼자서 개념을 정리하고, 문제 풀이 과정을 말로 설명한다. 누군가에게 설명한다고 상상하는 것만으로도 효과가 있다. 이것이 파인만 기법Feynman Technique이다. 노벨 물리학상 수상자 리처드 파인만이 사용한 학습법으로, 복잡한 개념을 초등학생에게 설명하듯 단순화하는 것이다.

3. 거실을 강의실로

거실 학습의 연장선에서 생각하면, 거실 자체가 '설명하는 공간'이 될 수 있다. 식탁에서 공부하다가, 옆의 화이트보드로 이동해 가족에게 설명한다. 부모는 의도적으로 질문한다. "그게 왜 그렇게 되는 거야?", "다른 방법은 없어?" 이 질문들이 아이의 사고를 확장시킨다. 설명하다 막히면 빈틈이 드러난다. 그 빈틈을 채우는 것이 진짜 공부다.

거실 코너에 만든 '셀프 강의' 공간

참고문헌

PART 1 환경이 의지보다 강하다

Achor, S. (2010). 《The Happiness Advantage: The Seven Principles of Positive Psychology That Fuel Success and Performance at Work》. Crown Business.

Allen, J. G., MacNaughton, P., Satish, U., Santanam, S., Vallarino, J., & Spengler, J. D. (2016). 〈Associations of Cognitive Function Scores with Carbon Dioxide, Ventilation, and Volatile Organic Compound Exposures in Office Workers: A Controlled Exposure Study of Green and Conventional Office Environments〉 Environmental Health Perspectives, 124(6), 805-812.

Bandura, A., Ross, D., & Ross, S. A. (1961). 〈Transmission of aggression through imitation of aggressive models〉 Journal of Abnormal and Social Psychology, 63(3), 575-582.

Bandura, A. (1977). 《Social Learning Theory》. Prentice Hall.

Barker, R. G. (1968). 《Ecological Psychology: Concepts and Methods for Studying the Environment of Human Behavior》. Stanford University Press.

Baumeister, R. F., Bratslavsky, E., Muraven, M., & Tice, D. M. (1998). 〈Ego depletion: Is the active self a limited resource?〉 Journal of Personality and Social Psychology, 74(5), 1252-1265.

Deci, E. L., & Ryan, R. M. (1985). 《Intrinsic Motivation and Self-Determination in Human Behavior》. Plenum Press.

Deci, E. L., & Ryan, R. M. (1985). 《Intrinsic Motivation and Self-Determination in Human Behavior》. Plenum Press.

Duhigg, C. (2012). 《The Power of Habit: Why We Do What We Do in Life and

Business》. Random House.
Duke Today. (2007). 〈Key to Changing Habits Is In Environment, Not Willpower, Duke Expert Says〉.

Godden, D. R., & Baddeley, A. D. (1975). 〈Context-dependent memory in two natural environments: On land and underwater〉 British Journal of Psychology, 66(3), 325-331.

Hagger, M. S., et al. (2016). 〈A Multilab Preregistered Replication of the Ego-Depletion Effect〉 Perspectives on Psychological Science, 11(4), 546-573.

Houthoofd, S. A., Morrens, M., & Sabbe, B. G. (2023). 〈The impact of high indoor temperatures on cognitive performance within the work setting: a systematic review〉 Tijdschrift voor Psychiatrie, 65(6), 357-363.

Illuminating Engineering Society (IES). (2011). 《The Lighting Handbook》 (10th ed.). IES.

Iyengar, S. S., & Lepper, M. R. (2000). 〈When choice is demotivating: Can one desire too much of a good thing?〉 Journal of Personality and Social Psychology, 79(6), 995-1006.

Keizer, K., Lindenberg, S., & Steg, L. (2008). 〈The spreading of disorder〉 Science, 322(5908), 1681-1685.

Lüscher, M. (1947/1969). 《The Lüscher Color Test》. Random House.

Maslow, A. H. (1943). 〈A theory of human motivation〉 Psychological Review, 50(4), 370-396.

McMains, S., & Kastner, S. (2011). 〈Interactions of top-down and bottom-up mechanisms in human visual cortex〉 Journal of Neuroscience, 31(2), 587-597.

McMains, S., & Kastner, S. (2011). 〈Interactions of top-down and bottom-up mechanisms in human visual cortex〉 Journal of Neuroscience, 31(2), 587-597.

Neal, D. T., Wood, W., & Quinn, J. M. (2006). 〈Habits—A Repeat Performance〉 Current Directions in Psychological Science, 15(4), 198-202.

Pavlov, I. P. (1897/1902). 《The Work of the Digestive Glands》. Griffin.
Princeton Alumni Weekly. (2016). 〈Psychology: Your Attention, Please〉.

Princeton Alumni Weekly. (2016). 〈Psychology: Your Attention, Please〉 (Interview with Sabine Kastner).

Ryan, R. M., & Deci, E. L. (2000). 〈Self-determination theory and the facilitation of intrinsic motivation, social development, and well-being〉 American Psychologist, 55(1), 68-78.

Satish, U., Mendell, M. J., Shekhar, K., Hotchi, T., Sullivan, D., Streufert, S., & Fisk, W. J. (2012). 〈Is CO2 an Indoor Pollutant? Direct Effects of Low-to-Moderate CO2 Concentrations on Human Decision-Making Performance〉 Environmental Health Perspectives, 120(12), 1671-1677.

Schoggen, P. (1989). 《Behavior Settings: A Revision and Extension of Roger G. Barker's Ecological Psychology》. Stanford University Press.

Ward, A. F., Duke, K., Gneezy, A., & Bos, M. W. (2017). 〈Brain Drain: The Mere Presence of One's Own Smartphone Reduces Available Cognitive Capacity〉 Journal of the Association for Consumer Research, 2(2), 140-154.

Ward, A. F., Duke, K., Gneezy, A., & Bos, M. W. (2017). 〈Brain Drain: The Mere Presence of One's Own Smartphone Reduces Available Cognitive Capacity〉 Journal of the Association for Consumer Research, 2(2), 140-154.

Wilson, J. Q., & Kelling, G. L. (1982). 〈Broken windows〉 The Atlantic Monthly, 249(3), 29-38.

Wood, W. (2019). 《Good Habits, Bad Habits: The Science of Making Positive Changes That Stick》. Farrar, Straus and Giroux.

Wood, W., & Neal, D. T. (2007). 〈A new look at habits and the habit-goal interface〉 Psychological Review, 114(4), 843-863.

Wood, W., & Rünger, D. (2016). 〈Psychology of habit〉 Annual Review of Psychology, 67, 289-314.

Wood, W., Tam, L., & Witt, M. G. (2005). 〈Changing circumstances, disrupting habits〉 Journal of Personality and Social Psychology, 88(6), 918-933.
Zimbardo, P. G. (1969). 〈The human choice: Individuation, reason, and order versus deindividuation, impulse, and chaos〉. In W. J. Arnold & D. Levine (Eds.), 《Nebraska Symposium on Motivation》 (pp. 237-307). University of Nebraska Press.

PART 2   우리 집에 맞는 공부방 만들기

Baumeister, R. F., & Tierney, J. (2011). 《Willpower: Rediscovering the greatest human strength》. Penguin Press.

PART 3   거실을 활용한 학습 공간 조성

Bowlby, J. (1988). 《A Secure Base: Parent-Child Attachment and Healthy Human Development》. Basic Books.

Deci, E. L., & Ryan, R. M. (2000). 〈The "what" and "why" of goal pursuits: Human needs and the self-determination of behavior〉 Psychological Inquiry, 11(4), 227-268.

Piaget, J., & Inhelder, B. (1958). 《The Growth of Logical Thinking from Childhood to Adolescence》. Basic Books.

SBS 스페셜. (2023. 1. 8.). 〈체인지 2부: 공부방 없애기 프로젝트〉 [TV 프로그램].

佐藤亮子. (2017). 《受験は母親が9割》. 朝日新聞出版.

瀧靖之(監修). (2017). 《東大脳の育て方》. 主婦の友社.

PART 4　학습을 돕는 환경의 디테일

Feynman, R. (1985). 《Surely You're Joking, Mr. Feynman!》. W. W. Norton.

Glass, A. L., & Kang, M. (2018). 〈Dividing attention in the classroom reduces exam performance〉 Educational Psychology, 39(3), 395-408.

Ward, A. F., Duke, K., Gneezy, A., & Bos, M. W. (2017). 〈Brain drain: The mere presence of one's own smartphone reduces available cognitive capacity〉 Journal of the Association for Consumer Research, 2(2), 140-154.

MAKE YOUR HOME
THE BEST PLACE TO LEARN

스스로 공부하는 상위 1% 아이의 집

초판 1쇄 2026년 2월 5일
글 김지호

발행인 박장희
대표이사 겸 제작총괄 정제원
본부장 이정아
책임편집 서정욱
기획위원 박정호
마케팅 김주희 이현지 한륜아 이나경

디자인 LUCKY BEAR

발행처 중앙일보에스(주)
주소 (03909) 서울시 마포구 상암산로 48-6
등록 2008년 1월 25일 제2014-000178호
문의 jbooks@joongang.co.kr
홈페이지 jbooks.joins.com
인스타그램 @j_books

ⓒ 김지호, 2026
ISBN 978-89-278-8152-0 (03590)

중앙북스는 중앙일보에스(주)의 단행본 출판 브랜드입니다